年とった愛犬と幸せに暮らす方法

獣医師
小林豊和
獣医師
五十嵐和恵

WAVE出版

はじめに

「先生、うちの犬とうとう一〇才になっちゃいました」

「そうですか。おめでとうございます」

「なにがおめでとうなんです」

「健康で長生きしているんだから、うれしいじゃないですか」

「なにをいってるんです。もう一〇才になっちゃったんですよ」

「まだ一〇才じゃないですか。まだまだ長生きしますよ」

「でもー、心臓も悪いし……。体つきだっておじいちゃんぽくなってきちゃって……」

「年をとれば悪いところもでてきます。少しいたわってあげれば、元気に生活してくれますよ」

「本当に大丈夫ですか」

「大丈夫ですよ」

「本当ですか。先生、責任とってくれますか」

「いやー、それはちょっと……」

「わたし、この子がいなくなったら生きていけないんです」

私の病院で日ごろくり返されるやりとりを、再現してみました。ちょっとでも思いあたるふしがある方は、この本の読者の資格を十分にそなえています。

ひと昔前までは、「犬の寿命は七~八才」といわれていましたが、今では十五才をこえる犬も決してめずらしくありません。

ところが、じっさいに動物病院で仕事をしていると、あるときから、飼い主さんの顔がくもることがあります。それは、愛犬が「年をとった」と感じられるなにかを、飼い主さんが見つけてしまったときからなのです。顔に白髪が目立つようになり、目が白内障で白っぽくなってくると、多くの飼い主さんは「この子がいなくなったらどうしましょう」というようなことを考えはじめて、不安をつのらせていくようです。

ですが考えてみてください。私たちだって、中年太りでおなかがつきでたからといって、急に社会生活ができなくなるわけではないではありませんか。まだまだ先は長いのです。

心配するのはあとにして、「老犬と楽しく暮らす方法」をみんなで考えてみましょう。

愛犬が「犬らしく」ずっと元気で長生きできる方法が、きっとあるはずです。

もくじ

第2章 症状から見る犬の老齢病

こんな症状があらわれたら、即獣医さんへ！

症状から探る老犬の病気とアドバイス

第3章 長く健康に暮らせる、老犬のための食生活

肥満を防いで楽しい老後を

ただしい食事が健康の基本

第4章 愛犬の老後を快適にするしつけと運動方法

年をとっても愛犬と楽しく遊ぼう

第5章 若いころから習慣づけたい老犬のためのケア

毎日のこまやかな心がけで寿命はのびる！

老後にそなえて工夫しておきたいこと

第6章 老いていく愛犬と暮らす心得 飼い主も犬も明るく楽しく

もしも愛犬が「寝たきり」になったら

愛犬の老いと、どのようにつきあっていくか

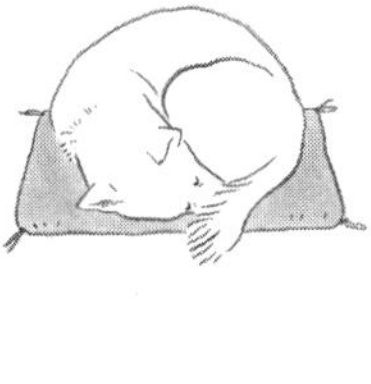

ブックデザイン●中野岳人
カバーイラスト●岡田真理子
本文イラスト●上田惣子
編集●門馬説子

第1章

犬が年をとるということ

「ヘルス・スパン」をのばすために

犬も年をとる

飼い主さんの不安

犬との生活はすばらしいものです。

トイレ・トレーニングや散歩のしつけなど、犬を飼うにあたってのりこえなければならないハードルはいくつかありますし、さまざまな病気や事故に出くわすこともあります。でも、多くの飼い主さんは犬を「コンパニオン・アニマル」としてとらえ、犬との生活を楽しんでいます。そして私たち獣医師にとっても、そのような飼い主さんや犬とのおつきあいは、仕事にはりあいをもたせてくれます。

ところが、やがて訪れる犬との別れをあまりにも早くから憂いて、本来楽しいはずの犬との生活に、漠然とした不安をつのらせる飼い主さんもたくさんいらっしゃいます。

私たち獣医師からすると、「まだまだ、そんなことは心配しなくて大丈夫ですよ」といいたいところなのですが、この漠然とした不安は年を追うごとに強くなってゆきます。私はこのような飼い主さんを、決して悲観論者だとは思っていません。愛犬に対して深い愛情があればこそ、こうした不安を抱かずにはいられないのでしょう。

それにしても、いったいなにが、飼い主さんにこのような漠然とした不安を抱かせるのでしょうか。

その理由の一つとして、「犬の病気や老化についての知識があまりにも不足している」ということがあげられると思います。「老化」とはなにか、またそれにともなって「犬の身体にはどのような変化が起こるのか」ということについての情報が、これまで飼い主さんにはほとんど与えられていませんでした。年老いてゆく愛犬に対して「今、なにをしてやればよいのか」がわからないことが、この漠然とした不安につながっていたのだと思われます。

生き物である以上、犬も年をとり、やがて寿命をむかえます。しかし、ほとんどの飼い主さんは、「うちの子には、健康で長生きしてほしい」と願っているはずです。

そして、そのような方々は、「愛犬との生活に悔いを残したくない」と強く思っているのではないでしょうか。

犬の一〇才はヒトの五十六才

さまざまな理由でヒトの寿命がのびたのと同様に、犬の寿命ものびています。しかも、ワクチンやフィラリア予防薬の普及、獣医療の進歩、生活環境の目ざましい向上により、三〇年前にくらべておどろくほどのびています。

七才の愛犬と暮らしている飼い主さんが、ご自身の愛犬を「そろそろ寿命かな」と考えることは今はまずないと思いますが、「七才をこえたら犬としては長生きだ」とされていたのは、それほど昔の話ではありません。感覚的にはわずか三〇年で、犬の寿命は二倍にものびたことになるのです。

犬種や大きさによって多少のちがいはありますが、犬の一〇才は小型犬でヒトの五十六才、大型犬で六〇才程度に相当するとされています。人間でも五十代も半ばをすぎると決して若いとはいえませんが、年寄りあつかいするには早すぎます。体力は落ちてきても、知力と経験をもとに社会の第一線で活躍されている方々が、たくさんいらっしゃいます。

同じように一〇才の犬も、年寄りあつかいするにはまだまだ早すぎます。「もう一〇才だから」といって、病気の治療方法や毎日の遊ばせ方など、犬に対しての姿勢が早いうちから「年寄りモード」になってしまう飼い主さんがいらっしゃいます。長生きするために、健康に注意することは大切ですが、必要以上に「老い」を意識しすぎるのはあまりおすすめできません。

大型犬種はやや短命な傾向にありますが、今日では十五才や十七才の犬も決してめずらしくありません。「まだ一〇才なのだから」という姿勢で接しなければ、ミドルエイジに対して失礼というものです。

ライフ・スパンとヘルス・スパン

多くの飼い主さんは、愛犬に一日でも長生きしてほしいと望んでいると思います。それもできることなら、最後まで「犬らしい」日々をすごさせたいと願っているのではないでしょうか。私たち筆者も、自身の愛犬には同じ願いを抱いています。

欧米では、近年「ヘルス・スパン（health span）」という用語が犬の世界で使われはじめています。直訳すると「健康な期間」ということになりますが、いってみれば、「体の機能を健全に維持し、犬らしい生活を少しでも長く送らせよう」という意味が、この言葉にはこめられているのです。

本書の目的も、まさにこの「ヘルス・スパン」をのばすことなのです。「ライフ・スパン（life span：寿命）」をのばすこともちろん大切ですが、老化を少しでも遅らせ、ヘルス・スパンをのばすことこそ、私たち犬と生活する者の、いちばんの願いなのではないでしょうか。

犬の実年齢と成長年齢の比較（歳）

人間	小・中型犬	大型犬
1	15	12
2	24	19
3	28	26
4	32	33
5	36	40
6	40	47
7	44	54
8	48	61
9	52	68
10	56	75
11	60	83
12	64	90
13	68	97
14	72	104
15	76	111

『愛犬健康生活BOOK』より
（小林豊和監修／主婦と生活社）

いつから老化するのか

私（小林）は現在四十八才になりますが、同窓会などで古い友人と顔をあわせたときに、その変貌ぶりにびっくりさせられることがあります。かつての美男子がすっかりオジサンと化し、カンロクたっぷりにおなかをつきだしている姿は、まさに中年そのものです（私も人のことはいえないかもしれませんが）。反対に少数派ではありますが、昔とあまり変わらない容姿や身のこなしを保っている友人もいて、うらやましく思うことがあります。

このように、老化には個体差があり、その進み方もさまざまです。ヒトでは、このような個体差があらわれるのは遺伝的な要因（生まれつきもっているもの）に加えて、環境や生活習慣、食生活のちがいによるところが大きいとされています。

犬の場合も同じように老化には個体差がありますが、ヒトと決定的に異なるのは、「犬は生活習慣や食生活をみずからの意思で選ぶことができない」という点です。

では、いつから老化がはじまっているかというと、なんと、ヒトでは十一才からとの報告があります。

この年齢を犬にあてはめると、小型犬では六ヶ月齢、大型犬では一〇～十二ヶ月齢になります。つまり、子犬と出会い、家にむかえいれた直後から、もう老化がはじまっている、ということになるのです。

とはいっても、実際に飼い主さんの目に「年をとった」と映るのは、犬によって多少のちがいはありますが、生後七~八才をすぎたころではないでしょうか。

老化するとどうなる

老化の進むスピードには個体差があり、体にあらわれる症状もさまざまです。

体力や筋力が低下して活発に走れなくなる、耳が遠くなって反応がにぶくなる、白髪が増える、歯が抜け落ちてくる……これらは、いっしょに生活している飼い主さんにとっては、悲しいほどはっきりとわかる代表的な老化の症状です。一方、外からは見えない骨や内臓、それに脳神経なども、気づかないうちにおとろえてゆきます。

老化によって、じっさいに犬の体にはどのような変化がもたらされるのかを、簡単にまとめてみました。

歯周病になる／歯が抜け落ちる

歯石《しせき》がたまってくるため、歯周炎《ししゅうえん》や歯肉《しにく》の退縮《たいしゅく》（歯茎がちぢんでくること）が起こり、歯が長くのびたようになってきます。ひどくなると歯根《しこん》にまで感染がおよび、歯が抜け落ちたりうみがたまったりします。

また、だ液の量が少なくなるため、口の中が乾燥して食べ物が飲みこみづらくなります。

食べ物の消化・吸収が悪くなる／便秘がちになる

胃酸やすい臓からの消化酵素が減少して胃腸のはたらきが弱くなるため、栄養素を吸収する能力が低下します。結腸のぜん動も低下し、便秘が起こりやすくなります。食道や肝臓の機能も低下します。

心臓や肺が弱くなる

老齢犬では、心拍出量《しんぱくしゅつりょう》（心臓が血液を送りだす量）が若いころにくらべて三〇％程度低下し、十三才以上の犬の三頭に一頭は、なんらかの心疾患《しんしっかん》があるといわれています。

気管や肺の機能が低下するため、ぜんそくや気管支炎になりやすくなります。また、肺炎などの感染症にもかかりやすくなります。

腎不全になる／おしっこがうまくできなくなる

老化にともない、腎機能が少しずつ低下します。腎不全《じんふぜん》は老犬のおもな死亡原因の一つに数えられています。さまざまな原因から、尿失禁《にょうしっきん》もよく見られます。

去勢されていない雄では男性ホルモンの影響により、前立腺《ぜんりつせん》の疾患が多くなります。

病気にかかりやすくなる／生殖機能がおとろえる

甲状腺《こうじょうせん》、精巣、卵巣および脳下垂体《のうかすいたい》などの内分泌系の機能が著しく低下し、さまざまな病気にかかりやすくなったり、生殖機能がおとろえてきたりします。早期に避妊手術を受けていない雌には、かなり高い確率で乳腺《にゅうせん》にしこりができます。

筋肉が弱くなる／骨がもろくなる

筋肉を構成している筋線椎《きんせんい》の萎縮、筋肉への酸素輸送の低下などから、筋肉量と筋肉機能の低下が起こり、活発に動けなくなったりケガをしやすくなったりします。

カルシウムの吸収も低下するため骨量が減少し、骨の構造がもろくなります。また、軟骨量も減少し、多くの老犬で変性性関節疾患《へんせいせいかんせつしっかん》が見られます。

全身の反応がにぶくなる

神経と神経をつないでいるニューロンや、神経からの信号をつたえる神経伝達物質の変化により、刺激に対する反応が遅くなります。また、神経伝達物質の一つであるセロトニンの減少によって、睡眠量が増加します。

自律神経のはたらきも低下するため、消化運動の障害も起こりやすくなります。

視力・聴力・嗅覚がおとろえる

眼球内のレンズが白濁する白内障《はくないしょう》にかかると、視力障害の原因となります。また、目に慢性的な炎症をひき起こすことも多くなります。

聴覚、嗅覚も、年をとるとともに消失してゆきます。ときとして、においがわからないことが食欲不振の原因となっていることもあります。

毛がうすくなる／白髪が増える

老化にともない、全身の毛はうすくなり、つやがなくなります。皮膚も、かたくなって厚ぼったい手ざわりになります。

白髪（色素消失）も顔面を中心に目立つようになります。

若さを保つために

生物である以上、老化や死を避けて通ることはできません。

しかし、老化のシステムが完全に解明できれば、不老不死も夢ではないといわれています。医学の世界ではアンチ・エージング（ANTI-AGING：抗加齢医学《こうかれいいがく》）という分野が注目を集め、「年をとらない」「死なない」というテーマに対して、多くの学者や医師が真剣にとり組んでいます。

もちろん、現段階では入り口が見えはじめた程度にすぎませんが、老化現象のいくつかに関しては、そのメカニズムや身体に起こる変化が解明されつつあります。そしてそれらに対抗する手段も、少しずつではありますがわかりはじめています。

不老はむりかもしれませんが、少しでも老いを遠ざけ、ヘルス・スパンを延長させるのに役立つと思われる方法をいくつか紹介しましょう。

1　老化によって弱くなった体をサポートし、少しでも体を健康に保つために、若いころ以上に食生活の内容を考える。

2　環境と食べ物から、できるだけ多くの有害物質とアレルギー物質をとりのぞく。

3　病気をもたらすウィルスや害虫から身を守るため、生活環境を清潔にし、ブラッシングやシャンプーなどのグルーミングケア、歯みがきや耳そうじ、爪切りをこまめに行なうよう心がける。

4　ストレスがかからず、安心して休める「癒し」の環境をつくる。

5　体に負担をかけ、ストレスを与えるような環境や場所に連れていかないようにする。

6　特別な病気やケガもないのに、年だからといって散歩をやめたり寝たきりの状態にしないようにし、適度な運動を心がける。適度な運動は体の機能維持や新陳代謝の促進に役立つ。

7　糖尿病や心臓病のもととなる肥満を防ぐため、必要以上のカロリーをとらないように注意する。

バランスのとれた食事、適度な運動、体に負担をかけない生活環境など、長生きのための処方せんは、ヒトも犬もほぼ同じであるといえるでしょう。しかし、心身ともにすこやかに、心安らかに年を重ねるには、なによりも「生きがいをもった生活」を送ることが大切です。

犬にとっての生きがいとは、もちろん犬にたずねることはできませんが、飼い主さんとの楽しいひとときこそが、犬にとっての「生きがい」、健康で長生きするための最良の処方せんになるのではないでしょうか。

うれしさや楽しさといった感情の高まりは脳への刺激としても重要ですし、痴呆の予防にもなります。また、飼い主さんといっしょに体を動かすことは、最高のストレス発散方法です。

犬が年をとったからという理由だけで心配ばかりして、過保護にしたりはれものあつかいしたりすると、むしろ犬の老化を進めることにもなりかねません。

健康で元気でいるかぎりは、存分に楽しませる暮らしを心がけるべきです。

ヘルス・スパンをのばそう

免疫力を高めよう

病原体から体を守る仕組みを免疫システムといいます。老化すると、この免疫システムの機能が低下します。健康で長生きをするためには、「免疫力を高める」ことが必要になってきます。

「病気を予防するならワクチンを」と考える方もいらっしゃるかもしれませんが、ワクチンは、健康状態や栄養状態が良好でなければ、期待通りの効果は発揮されません。ワクチンとは、「感染力を弱めた病原体を体内に入れ、抗体をつくることによってその病原体からの感染を防ぐ」というものです。さまざまな病気やアレルギー、ストレスなどによって免疫システムそのものがダメージを受けていると、いくらよいワクチンを接種したとしても十分な抗体がつくられないばかりか、体に悪い影響を与えることさえあります。また免疫システムにダメージを受けていると、感染症にかかりやすくなります。大きなけがや手術のあとなどは、とくに注意が必要です。

免疫力を高めるには、ビタミンA、ビタミンC、ビタミンE、亜鉛、セレンなどの栄養素、それに良質のタンパク質を十分にとる必要があります。また、下痢や便秘、嘔吐などの胃腸障害を長びかせると、栄養素の吸収が悪くなり、免疫力の低下につながります。栄養不良によるやせすぎはいうまでもありませんが、肥満も免疫力を低下させます。

食生活は、免疫力を大きく左右するといっていいでしょう。

去勢・避妊をあらためて考える

去勢手術や避妊手術をすべきかどうかについては、獣医師のあいだでも賛否両論があります。また、飼い主さんからの「病気でもないのに手術をするのはかわいそう」といった意見や、「自然に任せるべきだ」との声もよく耳にします。今のところ、どちらがよいのか結論はでていませんが、ヘルス・スパンをのばすという目的からすると、「去勢、避妊手術はすべきである」と私は考えています。

雌では女性ホルモンの影響で、年をとるとかなりの確率で乳腺に腫瘍《しゅよう》ができます。この腫瘍は良性（ガンではない）であることが多いのですが、左右のわきの下から内股にかけていくつも形成され、かなり大きくなることもあります。また、細菌感染が原因の子宮蓄のう症という病気も老犬では多く見られ、治療が遅れれば死に至ることもあります。この二つの病気を予防するためだけでも、避妊手術を受ける価値は十分にあります。

雄ではマーキング（壁などに尿をかける行為）や支配性による攻撃（自分が家族のリーダーだと思って、家族やよその人に吠えかかったりする）などの問題行動がなければ、若いうちは去勢手術をしなくても問題はないでしょう。しかし、七才をこえたころから前立腺疾患《ぜんりつせんしっかん》や肛門周囲腺腫《こうもんしゅういせんしゅ》、会陰《えいん》ヘルニアの発症率が、年を追うごとに高くなり、生活の質を落とします。これらの病気の発生には男性ホルモンが強く関与していますから、去勢手術によって発症はおさえられます。

では、何才くらいまで去勢、避妊手術は可能なのでしょうか。

じつは、何才でも可能なのです。

子宮蓄のう症ならば手術せざるをえませんし、前立腺疾患や肛門周囲腺腫などでも、男性ホルモンの影響をなくすために、たとえ十五才であっても去勢手術をすることがあります。去勢、避妊手術をしなかったがために、このような状況におちいった愛犬に手術を受けさせる飼い主さんの後悔の念は、はかりしれないものがあります。

「（去勢や避妊の手術は）自然に反するのでは」との声も、決して否定したりはしません。しかし、犬にも性欲があり、人間に飼われているかぎり、思うがままに満たされることはほとんどありません。こうした状態はストレスをうみます。

病気の早期発見と予防のために

犬は体の具合が悪くても、「だるいよ」とか「腰が痛くてつらいんです」などと、自覚症状を訴えることはできません。

ですから、愛犬の体調不良や病気を早い段階で発見するためには、いつもそばにいる飼い主さんの適切なアシストがとても重要になってきます。

犬はいろいろな面で、とてもがまん強い動物です。たとえ体のどこかが痛くても、多少のことならじっとがまんで耐えています。しかし、調子が悪いということは、ボディランゲージで訴えていることが多いのです。

たとえば、歯が痛かったり、おなかの調子が悪かったりすれば、食事の食べ方が遅くなったり、残すようになったりしますし、足や腰が痛ければ、大好きなはずの散歩も喜ばなくなります。犬が発している、このような不調のサインをよみとることができるのは、唯一飼い主さんだけです。

「老化」は回復できない体の変化ですが、「病気」であれば、もと通りに治る可能性も十分に残されています。「歩きたがらない」や「食が細くなった」を早々と年のせいに決めつけてしまっては、愛犬にかわいそうな思いをさせてしまうことにもなりかねません。

反対に、愛犬の若いころのイメージがこびりついていて、失敗してしまう飼い主さんも時々いらっしゃいます。

「関節炎です。走らせすぎたのでしょう」

との診断に対して、

「今までと同じなのに」

と反論される方もいるのですが、「犬の生命時間は人間の四倍の速度で進んでいる」という事実を忘れないでください。また病気の進行速度も同じように早いので、犬の健康を守るためには、早期発見、早期治療は人間以上に大切なのです。「うちの犬は健康だ」と信じて疑わない飼い主さんもいらっしゃいますが、ときには疑いの目をむけてみる必要もあると思います。

たとえ獣医師といえど、聴診器や手でふれただけの診療では犬の異常を発見できないこともあります。七才をすぎたら年に一～二回、血液検査やレントゲン、超音波画像診断（エコー）などをふくめた健康診断を、愛犬に受けさせてあげることをおすすめします。

また「年だから」という理由で、ワクチンの接種をためらう飼い主さんもいらっしゃいます。しかし、年をとると病気に対する抵抗力が弱くなるので、若いころよりも年をとってからのほうがワクチンが必要になるのです。予防できる病気は、確実に予防しておいたほうがよいでしょう。

あとの章でくわしく述べますが、病気を予防したり免疫力を高めるために、犬にとっても食事はとても大切な要因です。また、ヒトの場合と同じように、肥満させないこともさまざまな病気の予防につながります。犬はみずからの意思で太るのではありません。飼い主さんの責任によるところは大きいのです。

麻酔について

七才以上の犬の八〇%は歯周病にかかっているといわれています。多くの動物病院では犬の歯みがきをすすめていると思われますが、じっさいに毎日愛犬の歯をみがいている飼い主さんは、残念ながら少数派です。

犬の口の中は、だ液の成分のはたらきで虫歯にはなりにくいのですが、歯石はたまりやすい環境になっています。歯石は細菌をたくさんふくんでいるので、歯槽膿漏《しそうのうろう》を起こすだけでなく血流によって全身にまわり、心臓や腎機能にも悪い影響をおよぼします。

もし、犬が上をむいて、口を大きくひらいてがまんしてくれるのであれば、麻酔をかけなくても歯石をとることができます。しかし、そのようなことを犬に望めるはずもありません。そこで、私たち獣医師は麻酔をかけての処置を飼い主さんにおすすめするのですが、中には麻酔に対して拒否反応を示される人もいます。

その理由としては、「麻酔はこわい」という偏見と、「動物病院での麻酔のじっさいを知らない」ということがあげられます。たしかに、私も麻酔をかける際には、とくに高齢犬の場合には、万全を期して慎重に対処します。

麻酔薬には、一時的に体のあらゆる機能を低下させるはたらきがありますから、一〇〇%の安全性が保障されているとはいえないかもしれません。

しかし、麻酔薬じたいも改良が重ねられ、安全性の高い薬が登場してきています。それに、獣医師と動物病院の麻酔の知識とレベルも、ひと昔前とはくらべものにならないほど飛躍的に向上しているのです。現在では、呼吸や心臓の様子、血圧などをモニターしながら、気管内にチューブを入れる吸入麻酔という方法が、多くの動物病院でとりいれられています。また、留置針《りゅうちしん》というやわらかい針を血管に固定し、点滴をしながら緊急時には的確かつじん速に薬剤を投与できる状態に保っておきます。

歯石の除去だけでなく、体表のしこりやまぶたの裏のかたまり、乳腺のしこりなど、手術をしなくとも生活はできるけれど、思いきって手術を受けたほうが、明らかに生活の質が向上すると思われるケースでは、前むきに手術を考えてもらえるようすすめています。

「もう一〇才だから」などとあきらめがちにおっしゃる飼い主さんが多いのですが、私は「まだ一〇才なのかもしれませんよ」と申し上げるようにしています。最後は飼い主さんとの信頼関係によるところが大きいのですが、「思いきってやってもらってよかった」という言葉が返ってくると、私たちもとてもうれしくなります。

ストレスを減らそう

ただでさえ、犬はストレスにさらされています。

人間の管理のもとで人間社会に適応し、人間の都合にあわせて生活しているわけですから、これはかなりの忍耐を犬にしいています。犬はヒトとくらべるととてもがまん強い動物で、多少のことならしんぼうしてくれるのですが、限界をこえれば、ヒトと同じように体調をくずします。

ストレスとは、「肉体的・精神的な緊張状態」をさし、内分泌系（ホルモン分泌）や神経系に影響をおよぼして、恒常性《こうじょうせい》（体の状態を一定に保とうとする機能）に異常をきたします。その結果として体は病気になるのですが、反対に、病気による痛みや体の不調がストレスになることもあります。

ごく軽いストレスならば、体にとってほどよい刺激となるので、老犬にとって必ずしも有害であるとはいえませんが、ストレスにさらされた状態が長くつづくと、精神的に不安定になったり、肉体的にもいろいろな変化があらわれます。皮膚病でもないのに足先をなめたり、毛をひきちぎったりしているときは、ストレスが原因の強迫神経症の場合があります。

ストレスによって内分泌系や神経系が悪影響を受けると、老化を早めることになります。ヘルス・スパンをのばすためには、ストレスをなるべく与えない環境を、犬のために用意する必要があります。

では、じっさいにどのようなことがストレスになるかというと、日常生活でのさまざまな事柄がその要因としてあげられます。暑さ、寒さや騒音などの環境的要因、空腹、渇き、運動不足などの生理的要因、孤独、恐怖、不安などの心理的要因などがストレスの原因になります。人間による体罰ももちろんですが、日常生活や訓練でのあまりに強い要求もストレスになります。だれにもじゃまされず一人になれる場所がなかったり、思い通りに排泄ができないような育てられ方も、大きなストレスになります。

愛犬に対して心配しすぎる飼い主さんもいらっしゃいますが、心配も度をこすと犬に対してストレスを与えることになります。あとの章で述べる分離不安（飼い主さんと離れるのがつらい）のような心理状態も、やはりストレスになります。

このように見てみると、しつけや環境、食事、衛生面など、ストレスを減らすということは、日常生活のあらゆる分野にかかわってきます。

愛犬のヘルス・スパンは、飼い主さんの心がけしだいなのです。

COLUMN1 ドッグトレーナーに聞く、アメリカの老犬事情

私はアメリカのコネチカット州にある、デイケアセンター（犬の保育園を併設している犬のトレーニング施設）で犬の訓練士をしていたんですが、けっこういい年になった犬がトレーニングにつれてこられるというケースもしばしばありましたね。まあ、その場合はトレーニングをするというよりは、むしろ「楽しく安全に遊ばせてやって、夜はぐっすり寝かせてあげよう」といった感じが強いんですが……。

アメリカって、日本よりもペット事情に関してはずっと進んでいるんです。保健所にしても一般の学校にしても、動物に対するケアや考え方、教育方針などの体制がしっかりしているという印象が強いですね。

たとえば、老夫婦が護身用もかねて犬を飼おうとするケースがわりに多いのですが、子犬から育てるのではとても手に負えない。そこで、保健所にあずけられている犬の中から、ある程度落ち着いていて年齢のいった子をもらってこようと考えます。アメリカの一般のお宅は、たいていは広い庭がありますから、老犬ならばその庭の中で遊ばせておけば、ある程度の運動にはなります。しかし、たまには家の外にでて散歩することも必要になってくる。そうした場合に、小学校や中学校の子供たちに、ボランティアで犬の散歩をお願いすることがあるんです。

保健所側も学校側もこうした活動にはとても協力的で、トレーニング施設のあとおしをしてくれることがよくあります。これは、子供たちにとっても飼い主さんにとっても、そして犬にとっても、とても幸せなことですよね。

それにアメリカでは、いわゆる日本人がいうところの「寝たきり」という考え方がほとんどないんです。お年寄りで病気になって入院して、それがもとで寝たきり老人になって……ということはよほどの場合で、たいていの方はみずから体を動かして、寝たきりの状態にならないよう心がけていらっしゃるようです。それは、アメリカ人の考え方の根底に「自分の生活は自分で」というよい意味での個人主義があるからなんですね。「年寄りなんだからだれかに世話をしてもらおう、子供に面倒を見てもらおう」とはまず考えない。

愛犬に対しても、その考え方は同じなわけです。年をとって動きがにぶくなったからといって、ひどい病気でもないかぎりは、むりをさせない程度にフリスビーで遊ばせたり、ライフジャケットをつけてカヌーで水泳させたり、アクティブに接してあげる。これはぜひとも見習うべきことだと思いますね。

オフリードドッグトレーニング　古銭正彦
TEL　090・1204・3993

第2章

症状から見る犬の老齢病

こんな症状があらわれたら、即獣医さんへ！

症状から探る老犬の病気とアドバイス

「元気がない」とは?

「なんとなく元気がないんですけれど……」と訴えて、飼い主さんが愛犬を病院につれてくるケースはとても多いのですが、そのようなとき、私たち獣医師はさまざまなことを考えなければなりません。愛犬のどのような状態を、飼い主さんは「元気がない」ととらえるのでしょう。

動かなかったり、遊びたがらなかったりするとき、多くの飼い主さんは「元気がない」と感じるようです。尾をさげたままにしていたり、暗い場所でおとなしくすわっているようなときにもそう感じますし、飼い主さんが帰宅しても、犬が知らん顔をして寝ているときなどは、とくに心配になるようです。

「元気がない」という表現はとてもあいまいで、人によって判断の基準にかなりの差があります。しかし、このあいまいな症状には、深刻な老齢病がかくされていることが多々あります。獣医師は飼い主さんと協力して、「元気がない」ことの原因をつきとめなければなりません。

以下に、「元気がない」代表的な症状とその原因をあげてみました。

［症状］

・動かない
・声を発しない
・目や表情が暗い
・悲鳴をあげる
・尾をさげたままにする
・冷たい場所、暗い場所を好む
・食欲がない
・歩きたがらない

・遊ばない

〔原因〕
・発熱している……………感染症、熱射病
・体温が低い………………栄養不良、不十分な保温
・痛みがある………………骨格の異常（椎間板《ついかんばん》ヘルニア、関節炎、変形性脊椎《せきつい》症など）
腹部の異常（消化器の炎症、急性すい炎、胃捻転《いねんてん》など）
・体が衰弱している………栄養不良、不適切な管理
・視力が低下している……白内障、緑内障など
・貧血を起こしている……腫瘍、リンパ肉腫など
・その他……………………肝機能障害、腎不全、子宮蓄のう症、持続する下痢、心不全、肺疾患、甲状腺機能障害
・精神的ストレス

目の色がちがう

犬でも目は健康のバロメーターです。全身状態がよい犬の目は、いきいきとしていて輝きがありますが、内臓疾患におかされていたり、栄養状態が悪かったりすると、目は輝きを失い分泌物が多くなります。とくに肝機能障害によって黄疸《おうだん》が起こると、結膜が黄色くにごります。

眼球の表面が白くにごっているときには角膜炎によることが多く、内部がにごっているときには白内障の疑いがあります。眼球の色の変化とともに痛みをともなって目が急激にはれてきたときには、緑内障《りょくないしょう》の可能性が高く、早急な治療が必要です。

眼の構造

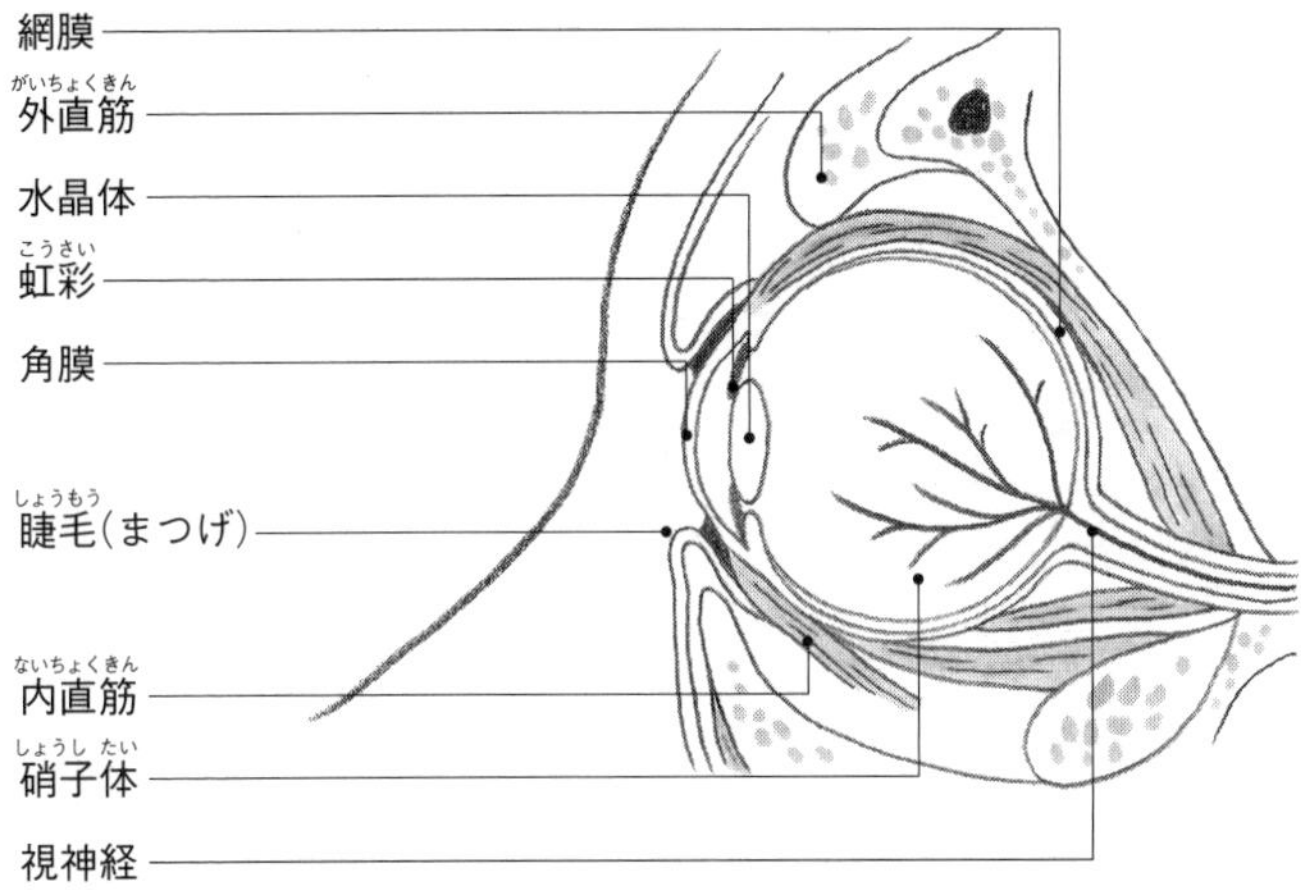

○白内障

眼球内の水晶体（レンズ）の全体または一部が白くにごる。症状が進むにつれて白さが増し、視力障害をひき起こす。程度の差はあるが、高齢犬ではかなり高い確率で発症する。糖尿病が原因のこともあり、この場合は進行が早い。

○ワンポイント　アドバイス

白内障の治療には進行を遅らせる点眼薬を用いる方法と、手術による方法とがあり、最近では手術の成功率も高くなっている。犬は嗅覚と聴覚が発達しているので、視力が落ちても生活に困らないことが多い。ブルーベリーにふくまれるアントシアニンには、白内障の進行を遅らせる作用がある。

目ヤニがでる

目ヤニが両目からでているときには、目の病気に加えて、伝染性の病気やアレルギー、内臓疾患なども疑う必要がありますが、片目のみの場合は結膜炎や角膜炎など、目のみの

脳腫瘍の手術を受けたココア

日本犬雑種のココアちゃんに脳腫瘍が見つかったのは13歳のとき。歩き方がおかしい、頻繁に嘔吐するなどの症状に気づいて来院されたときは、手術する以外に治療の手だてはなく、しかも手術の成功率は決して高いとはいえないものでした。

たいへんに悩ましい選択でしたが、家族みんなで話し合った結果、「もう一度元気な姿に戻れるなら」と、飼い主さんは思い切って手術するという結論を出しました。

幸いなことに6時間超にも及ぶ大手術は無事終了、術後は完全看護の日々が続きましたが、ココアちゃんは順調に回復し、飼い主さんの望む元気な姿を取り戻すことができました。残念ながら半年後に腫瘍が再発し、ココアちゃんは天国に旅立ちましたが、飼い主さんにとっても私自身（小林）にとっても、最良の選択だったのではないかと思います。

もちろん、手術をせずに寿命を全うするという選択をされる飼い主さんもおられますが、ここ数年、ココアちゃんのように、脳腫瘍などのむずかしい手術でもすすんで選択される飼い主さんが増えているように感じています。

病気の場合がほとんどです。老化にともない、眼球表面の感染に対する抵抗力が落ちて、結膜炎や角膜炎が起こりやすくなります。

老犬はまぶたの縁にイボ状のかたまりができやすくなり、これが眼球を刺激し、炎症や目ヤニの原因になることがあります。これらのかたまりは良性のものが多いようです。

○乾性角膜炎

涙腺《るいせん》の異常や老化による涙の分泌量の低下により、角膜が乾燥して傷つく。涙には、目の表面を洗い流す作用もあるが、老犬では分泌量が低下するので細菌の増殖が起こる。老化による場合は両目に起こることが多く、適切に治療しないと失明の危険性が高い。

○ワンポイント　アドバイス

乾性にかぎらずに、角膜炎は早期に治療を開始しなければ、大変なことになる。人口涙液も市販されている。

○眼瞼乳頭腫《がんけんにゅうとうしゅ》

老齢犬のまぶたの縁にできるかたまり。悪性の腫瘍である可能性は低い。進行すると大きくなり、眼球を刺激すると角膜炎の原因になる。

○ワンポイント　アドバイス

小さなかたまりではあるが、切除には全身麻酔が必要である。大きくなると明らかに生活の質を落とす。初期の段階で手術を考えたほうがよい。

くしゃみ、鼻水がでる

「犬はカゼをひかない」といわれていますが、ときにはくしゃみと鼻水をともなうひどいカゼにかかることがあります。もし、カゼを疑うような症状が見られたら、散歩仲間ともしばらくは会わせないほうがよいでしょう。老犬では細菌やウィルス、真菌（カビの仲間）が原因の慢性鼻炎もよく見られます。これは、免疫力の低下によってひき起こされますから、治療してもなかなか治らないケースもよくあります。

鼻水が片側の鼻孔からだけでていたり、くしゃみがなかなかとまらないときは要注意です。老犬では鼻腔内の腫瘍を疑わなければなりません。

○鼻腔腺癌《びくうせんがん》

犬の鼻腔内の腫瘍の多くは悪性で、とくに鼻腔腺癌と呼ばれるものが多い。はじめの症状はくしゃみや鼻汁程度であるが、進行すると骨をとかし、顔面が変形することもある。鼻汁には出血をともなうこともある。治療には外科的切除や放射線療法が実施される。

○ワンポイント　アドバイス

近年、腫瘍やガンに対する外科手術や放射線療法は、獣医療においても格段の進歩を遂げている。あきらめないで、ホームドクターや大学病院の獣医師に相談してはどうだろうか。

鼻血がでる

鼻血がでたり、鼻汁に血がまじるときは、一時的なものなのか持続的なものなのかによって、症状を判断しなければなりません。一～二回出血してその後はとくに異常がなければ、鼻やのど、口腔内の粘膜の炎症や血管が切れたことが、出血の原因と考えられます。

しかし少量でも出血がつづく場合には、鼻腔内の腫瘍や白血病、それに歯周病による炎症の影響を疑わなければなりません。

血液の病気は老齢病ではありませんが、老犬でもときおり発症が見られます。これらの病気では、貧血や元気がなくなるなど、全身的に症状があらわれます。

歯周病は愛犬の健康をゆるがす大問題です。食物を食べられなくなるばかりでなく、口腔内で増殖した細菌が全身に悪い影響を与えます。根尖《こんせん》（歯根の先端部）にまで炎症がおよぶと、鼻腔内にも影響を与え、鼻からの出血が見られるようになります。

○歯周病

歯槽膿漏《しそうのうろう》、歯肉炎、歯髄炎《しずいえん》などを総称して歯周病という。子犬のころから歯みがきなどで予防しなければ、ほとんどすべての犬が歯周病になる。

若いころは、軽く口臭が感じられる程度だが、老犬になるとにおいも強くなり歯が抜けたり、頬からうみがでることもある。

○ワンポイント　アドバイス

歯周病は治療よりも予防を心がけたい。方法は後章で述べる。ドッグフード（ドライをふくむ）より家庭で調理した食事のほうが、歯石の付着は少ないようだ。ひどい状態になる前に、動物病院で歯石の除去をすべきである。

口がにおう

口臭が強いときは、歯周病の可能性がいちばん高いのですが、老犬では口腔内の腫瘍や、腎不全による尿毒症《にょうどくしょう》なども疑わなければなりません。

舌癌《ぜつがん》などの口腔内の腫瘍は、老犬での発症率はそれほど高くはありませんが、出血やよだれ、歯がぐらぐらになるなどの症状があらわれ、発見時には症状が進行している場合がほとんどです。

腎不全は、老犬では比較的よく見られる病気です。初期症状は多飲多尿（水をたくさん飲み、尿が多くなる）などですが、進行して尿毒症におちいると、特有の口臭（アンモニア臭）を発するようになります。

ひどい胃炎や胃潰瘍《いかいよう》でも、口臭が強くなります。

○尿毒症

老化などの原因によって腎臓の七十五％以上が障害を受けると、腎不全になる。腎不全の初期症状は多飲多尿程度であるが、進行すると食欲にむらがでて、体重減少や貧血などが見られるようになる。

腎臓には、身体に不必要となった老廃物や毒素を尿として排出する機能があるが、腎不全がさらに進行すると、これらが体外にうまく排出されなくなる。これを尿毒症といい、全身の臓器にさまざまな障害を与え、非常に危険な状態である。

○ワンポイント　アドバイス

愛犬が腎不全の症状を示しはじめたときには、腎臓はかなり悪い状態になっている。獣医師であっても、血液検査をしなければ、初期の腎不全を見つけるのはむずかしい。

愛犬の寿命をのばすためには、初期の段階から治療を開始し、良質のタンパク質を適度に与え塩分を制限するなど、食事療法を徹底する必要がある。

抜け毛が多い

正常な老化現象の一つとして、全身の毛がややうすくなり、はりとつやがなくなり白髪も目立つようになります。しかし、局所的に目立って抜けていたり、かゆみや皮膚の異常が見られる場合は、病的な脱毛の可能性が高くなります。

免疫力の低下や、治療のためのステロイド剤（副腎皮質ホルモン）の投与などにより、老犬でもニキビダニなどによる皮膚病が見られます。全身または顔面、足先などに局所の脱毛が見られ、表面がじくじくした状態になってきます。

細菌や真菌（カビや水虫の仲間）の感染によっても、局所的な脱毛が起こります。細菌感染では紅斑《こうはん》（赤いぶつぶつ）やフケをともない、真菌感染の場合は丸い円を描くように脱毛するのが特徴です。

正中線（鼻から尾にかけての体の中心線）を軸に、左右対称性に脱毛が見られる場合は、甲状腺機能低下症や副腎皮質機能亢進症《ふくじんひしつきのうこうしんしょう》などの疑いがあります。これらの病気は老犬で多く見られ、全身に症状があらわれます。

おしりから背中にかけて脱毛があり、かゆみをともなう場合は、ノミによるアレルギーが疑われます。

○甲状腺機能低下症

甲状腺から分泌されるホルモンが欠乏し、左右対称の脱毛やラットテール（尾の脱毛）が見られる。甲状腺じたいに原因がある場合と、甲状腺に命令をだす脳の器官（視床下部、下垂体）に原因がある場合とがある。体温が低くなる、無気力になる、元気がなくなるなどの症状が見られる。

○ワンポイント　アドバイス

明らかな症状は示さないものの、軽度に甲状腺機能が低下している老犬は多いようだ。食事をあまりとらないのに太ったり、反対にダイエットしてもやせないときは、疑ってみる必要がある。「悲しげな表情」も症状の一つに数えられる。

フケがでる

脱毛と同様に、フケも老化にともなって多少はでやすくなります。ヒトにくらべると、犬の皮膚はかなりデリケートで、表面の角質はもろくいたみやすい状態にあります。老犬の皮膚はこの傾向がいっそう強く、栄養状態が悪かったり、シャンプー剤が不適切だったりすると、フケがでやすくなります。

シャンプーは必ず犬用の低刺激タイプを用いて、治療目的以外では、月に二回以上洗わないほうがいいでしょう。反対にアレルギーや膿皮症《のうひしょう》などの皮膚病が原因でフケがでている場合は、治療のために薬用シャンプーで週二回以上洗うこともあります。

内臓疾患や腫瘍の発生などで体の状態が悪化したときにも、脱毛やフケは目立つようになります。

○栄養障害

皮膚や被毛を正常に発育させ維持するには、アミノ酸、脂肪酸、ビタミン類、ミネラルなどが必要となる。こうした栄養素が不足すると、脱毛、フケの原因となる。反対に、栄養の過多やビタミンやミネラルバランスの乱れによっても皮膚疾患が起こることもある。質の悪いペットフードやバランスの悪い手作り食、過剰なサプリメントの投与などが栄養障害の原因となる。

また、与えている栄養素が十分であっても、老犬では消化、吸収力が悪くなり、問題が起こることがある。

○ワンポイント　アドバイス

冬にフケが多くなるのは、乾燥が原因であることもある。最近ではセラミド入りの犬用シャンプーも販売されている。犬用の保湿スプレーも効果的である。

肛門がはれている

肛門の両側の四時と八時の位置に、肛門嚢《こうもんのう》と呼ばれる袋状の器官があり、独特のにおいのある分泌物をつくり、排出しています。細菌感染などが原因で炎症（肛門嚢炎）が起こり、重症だと破裂してしまうことがあります。定期的に液をしぼるとよいでしょう。

消化機能が弱くなって軟便がつづくと、それが肛門周囲に付着し、肛門嚢炎やひどい皮膚病の原因になります。清潔に保つよう心がけましょう。

去勢していない雄では、男性ホルモンの影響で肛門周囲腺腫《こうもんしゅういせんしゅ》ができることがあります。この腫瘍は良性のことが多いのですが、大きくなると排便時に痛みや出血をともなうなど、好ましくない状況をつくりだしてしまいます。

肛門がはれていなくても、おしりを地面にこすりつけているときは、肛門や外陰部（雌）周囲になにかが起こっている可能性があります。なるべく早く、獣医師に相談してください。

○肛門周囲腺腫

肛門をとりかこむように存在する肛門周囲腺が、男性ホルモンの影響で腫瘍になる。六才以上の去勢していない雄に多く起こるが、まれに雌でも見られる。

良性の腫瘍ではあるが、大きくなると表面がじくじくして出血し、見た目が汚くなり、犬がしきりになめるようになる。内側にも大きくなり、排便障害をひき起こす。

○ワンポイント　アドバイス

肛門周囲腺腫は、発見時にはほんの小さなかたまりであっても、去勢手術を受けていなければ、確実に大きくなり、生活の質を落とす。先々のことを考え、見つけたら患部の切除と去勢手術を同時に行なうのがよい。

おりものがある（雌）

発情期以外でおりものがある場合は、早急に獣医師に相談してください。老犬では、まず第一に子宮蓄のう症が疑われます。この病気は早期に治療しなければ手遅れになり、死に至ります。

個体差はありますが、一〇才をすぎたころから発情期の出血が不鮮明になり、おりものとの区別がつきづらくなります。また、膣炎《ちつえん》を起こしていたり、膣内に腫瘍ができているときにも、おりものがでます。

少量の発情出血がだらだら長くつづいたり、弱い発情が短い間隔で何度も起こるようなときは、卵巣の病気かもしれません。老犬では腫瘍の可能性もあります。

○子宮蓄のう症

若くても発症するが、中高齢になって卵巣の機能が弱まると、発情後期に子宮内に細菌が入りやすくなり、子宮内膜炎から子宮蓄のう症をひき起こす。ある程度うみがたまるまでは無症状に経過（一～二ヶ月）するが、うみ状のおりものがではじめるころから急に元気がなくなり、食欲不振、多飲多尿などが見られるようになる。この時点で治療を開始しなければ、確実に死に至る。おりものがまったくでない閉鎖型のこともあり、この場合のほうが症状が重い。

○ワンポイント　アドバイス

軽度の子宮内膜炎であれば、抗生物質での治療も可能であるが、子宮蓄のう症に移行しているのであれば、早急に手術が必要となる。ただし、発見が遅れたり、心不全や腎不全など他の老齢病をかかえているケースでは、リスクは非常に高くなる。老齢犬での発生率は高く、この病気の予防のためだけでも、避妊手術を受ける価値はあると思う。

便がでにくい

老犬では、便秘は胃腸以外の原因で起こることが多いようです。去勢されていない雄犬では、前立腺の病気がもっとも疑われます。前立腺が大きくなると、犬は直腸が圧迫され、便の通りが悪くなります。

これも雄に多い病気ですが、会陰《えいん》ヘルニア（肛門の左右の筋肉がさけて腸管などが突出

10才にして、
会陰ヘルニア手術に成功した太郎

ミニチュアダックスフンドの太郎が、便の出が悪いと来院したのは、10才のときでした。レントゲンで確認してみると、会陰部に直腸がつきでて、便が大量にたまっていました。会陰ヘルニアです。男性ホルモンの影響で肛門から大腿にかけての筋肉がもろくなり、やぶれてしまったのです。膀胱にも異常がありました。完治には、手術しかありません。

心不全もあり、年齢も10才ということで、飼い主さんの不安は相当なものです。そこで、10才は高齢ではあるけれど寿命をむかえる年ではないこと、生活の質を維持するためには手術が必要であることを、飼い主さんに説明しました。

飼い主さんは不安な気持ちをふりきって、勇気をもって手術に同意してくれました。そして手術はぶじに成功し、三年たった今も、太郎は元気に暮らしています。飼い主さんが勇気ある決断をくだしていなければ、彼の寿命はもっと短かったにちがいありません。

する）によっても便秘になります。老化によって胃腸のはらたきが低下したり、甲状腺機能低下症、骨盤まわりの腫瘍によっても便秘が起こりやすくなります。

便秘を予防するには、食事管理と適度な運動がとても大切です。「便秘には食物繊維」と考えがちですが、病気によっては逆にひかえたりする場合もあります。また、骨などのカルシウムの与えすぎも便をかたくします。若いころから散歩のときに排便していた犬は、運動の刺激がないと便意をもよおしません。まったく立てない状態でなければ、短時間でも散歩につれだしましょう。

○前立腺疾患

犬では前立腺は膀胱《ぼうこう》のうしろのほうに位置し、大きくなると直腸を圧迫し、排便障害が起こる。単純な肥大では排尿障害は通常見られないが、腫瘍などになると排尿にも影響をおよぼす。

前立腺肥大《ぜんりつせんひだい》は前立腺疾患の中ではもっとも多く見られ、良性ではあるが年をとるとともに進行する。

○ワンポイント　アドバイス

ホルモン剤の投与によっても、前立腺肥大は治療できるが、去勢がより安全で確実な方法となる。

前立腺疾患や会陰ヘルニア、肛門周囲腺腫などの老齢病を考えると、七才までに去勢をすませておきたい。

ゆるい便がつづく

老犬では胃腸や肝臓などの機能がおとろえてくるため、軟便になることも多くなります。また、すい臓も大きな負担やストレスに耐えられなくなり、すい外分泌機能不全《がいぶんぴつきのうふぜん》を起こしやすくなります。

ゆるい便がつづく場合には、まずはじめに食事の内容を検討してみることです。高脂肪、高カロリー食は避け、良質のタンパク質を適量与えます。若いときとくらべれば、与える量も少し減らさなければなりません。食物繊維は多く与えたほうが調子がよい場合と、少ないほうがよい場合とがあります。

胃腸内の寄生虫も、老犬でも時々検出されます。年に一～二回は必ず検便を行ないましょう。

アレルギーや肝機能障害などによっても、軟便がつづきます。

○すい外分泌機能不全

すい臓の機能は、年齢によって大きく変化しないと考えられているが、全身性の疾患やすい炎、多量の高脂肪食などの負担がかかると、すい外分泌機能不全を起こす場合がある。下痢がつづき、たくさん食べているにもかかわらず、体重が減る。

○ワンポイント　アドバイス

治療にはかなり徹底した食事管理と、消化酵素の添加などを行なう。一度すい外分泌機能不全になると、治ることはない。高脂肪、高カロリーの食事が大きな原因になる。

よくおしっこをする

老犬になってよくおしっこをする場合、まず最初に疑われるのは、膀胱炎《ぼうこうえん》などの尿路感染症《にょうろかんせんしょう》です。しかし、治療してもなかなか治らなかったり、再発をくり返す場合には、膀胱腫瘍《ぼうこうしゅよう》や尿路結石《にょうろけっせき》の可能性があります。いずれの場合でも、血尿がでます。

「よくおしっこをする」症状と、「たくさんおしっこをだす」症状とをいっしょくたにして考える飼い主さんが時々いらっしゃいますが、たくさんおしっこをだす場合は、膀胱などの尿路系そのものの問題ではなく、全身性の病気（子宮蓄のう症や糖尿病、慢性腎不全など）の症状の一つとしてあらわれるもので、血尿はでません。しかし、どれも深刻な病気なので、疑われる場合はいっこくも早く獣医師に相談すべきです。

○膀胱炎

膀胱炎は、若い犬にも比較的多い病気であるが、老犬では細菌が膀胱の筋肉の内部にまで入りこんで、治りにくくなることがある。雄では前立腺炎、雌では膣炎や子宮蓄のう症から膀胱炎になることもある。

マーキングのくせが多い犬だと、この症状を見すごしてしまうこともある。ときには白いティッシュを尿につけて、色をチェックしてみよう。

○ワンポイント　アドバイス

膀胱炎はしっかり治療しないと、再発をくり返したり、治りにくい状態に悪化してしまう。とくに老犬ではその傾向は強い。

尿路系の結石や腫瘍も、初期症状は膀胱炎とかわらないので、なかなか治らないときは、レントゲンやエコーなどの検査を受けるべきである。

せきをする

急にせきをするようになったときは、カゼ、気管支炎などの呼吸器の感染症が疑われます。まれには、ジステンパーの初期症状のこともあります。これらの多くは発熱をともないます。老犬では肺炎に移行する危険性が高いので、十分な注意が必要です。

発熱がなく、慢性的にせきがつづいている場合は、心臓病や肺の腫瘍、呼吸器系の病気などの可能性があります。予防をしていなければ、フィラリア症も否定できません。いずれにしても、生命の危険に結びつく病気ですから、異常が感じられたら獣医師に相談すべきです。

犬のせきは、一見吐いているようにも見えるので、飼い主さんはちがう病気を疑っているケースも時々あります。また、せきではなくて、発作の状態になってからつれてこられるケースもあります。犬は人間ほどせきをしませんから、せきをしていたら、病気を疑って早めに診察を受けるべきです。

○僧帽弁閉鎖不全症《そうぼうべんへいさふぜんしょう》

左心房と左心室のあいだにある僧帽弁《そうぼうべん》が変性することにより、心臓のはたらきが悪くなる病気。マルチーズやトイプードルなどの小型犬に遺伝的に見られるが、心不全の症状をあらわすのは、五才以降のことが多い。運動時や、夜間から明け方にかけてせきこむことが多く、進行すると肺水腫《はいすいしゅ》（肺に水分がたまる）から呼吸困難におちいり、死に至る。

○ワンポイント　アドバイス

せきだと気づかずに「のどになにかつかえているみたいだ」と訴えて来院することもある。せきがでるなど心不全としての症状がではじめたころには、心臓の病状はかなり進行している。早急に獣医師の診察を受けて、投薬や食事管理を開始することが重要である。

呼吸が苦しそう

愛犬が腹ばいの姿勢がとれずに、犬座姿勢《けんざしせい》（あごを前方に突きだし、前肢をひらいて胸をひろげてすわった姿勢）をつづけているときには、息苦しさを強く感じているサインになります。また、ゼーゼーというような呼吸音がしたり、鼻の穴を大きくひろげて息を吸っているのも、明らかな異常です。

呼吸が苦しそうなときは、鼻、のど、気管、肺などの呼吸器の異常が考えられます。これらの器官に異常が生じると、空気の通りが悪くなるので、呼吸に必要な酸素量を確保しようと呼吸数が増えるため、息があらくなります。気管虚脱《きかんきょだつ》や胸腔《きょうくう》内の腫瘍、肺水腫などが代表的な病気です。

心不全や貧血などでも、酸素を運搬する機能が低下するために、速く苦しそうな呼吸になります。

○気管虚脱

気管がおしつぶされたように変形するため、呼吸や体温調節に影響がでる。運動や興奮時に「ゼーゼー」とのど鳴りが聞こえ、ひどいときには呼吸困難を起こす。

ポメラニアンやヨークシャ・テリアなどの小型種の老犬に多く見られる。

○ワンポイント　アドバイス

若いころからの肥満や、上をむいて異常に吠える行動などが気管に影響を与え、高齢になってひどい症状を示す。手術による治療も行なわれているが、完治には至らない。

もし本症が疑われるのであれば、レントゲンなどによって現状を把握し、体重管理や運動制限を徹底すべきである。

体重が減ってきた

肥満気味だった犬が、食欲があるにもかかわらず、急に体重が減ってきた場合には、老犬では糖尿病も疑わなければなりません。早急に尿検査や血液検査を受けるべきです。すい外分泌機能不全などの内臓疾患によっても、このような症状が見られます。これらの病気では、便がゆるくなったり下痢がつづいたりします。

悪性腫瘍の場合にも、体重が減少しますが、肝臓やすい臓、腸管の腫瘍は犬では発見が遅れることがしばしばあります。

食欲がなくて体重が減ってきているときには、食欲不振の原因を少しでも早くつきとめなければなりません。痛み、発熱などがその原因となります。

○糖尿病

すい臓から分泌されるインスリンがうまく作用せず、糖分の吸収、利用率が低下し、体にさまざまな障害を起こす。

発症犬は太り気味のことが多く、よく食べよく飲み、よく排尿するが、やがて体重の減少が起こる。さらに進行すると、食欲不振、嘔吐、脱水が見られ、糖尿病性昏睡《とうにょうびょうせいこんすい》におちいることもある。

白内障や末梢神経障害《まっしょうしんけいしょうがい》、糖尿病性腎症《とうにょうびょうせいじんしょう》など深刻な合併症もひき起こす。

○ワンポイント　アドバイス

発症は遺伝によるものもあるが、肥満や運動不足などの環境的要因が大きく関与している。高齢の肥満犬の多くは、糖尿病予備軍といわれている。早急にダイエットにはげもう。

おなかがふくれる

急激におなかが大きくふくれて、犬が苦しみ、嘔吐の姿勢をとってもなにも吐きだせないときには、胃捻転《いねんてん》が疑われます。治療しないと数時間で死亡することもあり、救急処置を必要とします。

ふくれたおなかの片側に手のひらをあてて、もう片側を軽くたたいたときに、波打つような感じがつたわってくる場合、腹水がたまっている可能性が強くなります。腹水がたまる原因としては、心不全や肝硬変《かんこうへん》、フィラリア症の末期などが考えられます。

腹水ではなくておなかがふくれているときには、副腎皮質機能亢進症《ふくじんひしつきのうこうしんしょう》やかなり大きくなったおなかの腫瘍が疑われます。

肥満で大きくなったおなかを、病気ではないかと心配される飼い主さんも少なくありません。首や背中などの肉づきとのバランスで判断するとよいでしょう。

○副腎皮質機能亢進症

副腎皮質《ふくじんひしつ》からホルモンが過剰に分泌されるために起こる、慢性的な病気。左右対称性の脱毛、腹部膨満、筋肉がやせおとろえるといった特徴的な症状があり、多飲、多尿、多食になる。腹部をさわると、肝臓がはれているのがわかることもある。糖尿病を併発することもある。

○ワンポイント　アドバイス

脳下垂体前葉《のうかすいたいぜんよう》からの副腎皮質刺激ホルモンの過剰分泌による場合と、副腎皮質の腫瘍による場合とがある。

ホルモン分泌を調整する治療法が、外科的な手術や投薬によるホルモン分泌の調整などいくつかの治療法があり、一定の効果をあげている。飲水量や尿量が増えたら、何らかの病気が隠されていると疑ったほうがよい。

歩き方がおかしい

老化が進むと、筋肉量が減少し、筋肉の神経反応もにぶくなります。その結果、足腰が弱くなり、速く走れなくなったり、長時間歩くのをいやがるようになります。筋肉を使わなければ老化のスピードは速まりますから、痛がらないようであれば、自分のペースで適度の運動をつづけさせたほうがよいでしょう。

腰やひざなどの関節も、長年にわたるダメージによって炎症や変形が見られます。クッションの役割を果たしている軟骨もすり減ったり、分離することがあります。このような関節の病気では、多くの場合痛みをともないます。

元気に遊んでいた犬が、突然どちらかの後肢を痛がり、足をもちあげた状態でいる場合には、股関節脱臼《こかんせつだっきゅう》や前十字靭帯断裂《ぜんじゅうじじんたいだんれつ》などが疑われます。軽度の先天性の股関節形成不全《こかんせつけいせいふぜん》(骨盤《こつばん》と大腿骨《だいたいこつ》をつなぐ股関節部分の形状が浅く、不安定な状態になっている)では、若いころは靭帯《じんたい》や筋肉などが関節をしっかりと固定していて症状をあらわしませんが、年をとるとこれらの組織が弱くなり、突然、股関節脱臼を起こすことがあります。

○変性性関節症《へんせいせいかんせつしょう》

肥満傾向の犬や、長年にわたってソリをひくなどのはげしい運動をつづけてきた犬の肩関節《けんかんせつ》や股関節などに発生する。関節内の軟骨がすり減り、骨と骨が直接接触することによって関節が変形し、はれと痛みをともなう。

外傷や骨折、股関節形成不全などで関節面にズレが生じていると、発症の可能性は高くなる。

○ワンポイント　アドバイス

痛みがはげしいときには、運動を制限し、鎮痛剤を投与する。ただし、これらの薬は長期にわたって使用すべきではない。長期にわたって使用するときには注意が必要である。

○前十字靭帯断裂

前十字靭帯《ぜんじゅうじじんたい》は膝関節《しつかんせつ》の内部に存在し、ひざがねじれすぎないよう防ぐ役割をになっている。老化にともなって靭帯がもろくなったり、肥満による負担の増加に加えて、捻転《ねんてん》や外力などが急激に加わることによって、この前十字靭帯が断裂することがある。

断裂直後は、患部の肢を地面につくことができずに足をあげた状態になり、強い痛みを訴える。

○ワンポイント　アドバイス

治療には手術が必要となる場合がある。手術をしてもしなくても、二ヶ月以上運動を制限しなければならない。もし、先天性の膝蓋骨脱臼《しつがいこつだっきゅう》（ひざの皿がずれてしまう）があるのであれば、本症を起こしやすいので、獣医師とよく相談しておいたほうがよい。

背中を痛がる

ダックスフントやコーギーなどの胴長の犬種では椎間板《ついかんばん》ヘルニアの発生率がとても高く、子犬のころから注意してあげる必要があります。変形性脊椎症《へんけいせいせきついしょう》は、ほとんどすべての犬種の老犬に発症が見られ、老化現象の一つと考えられています。

老犬では悪性の腫瘍が脊椎《せきつい》に発生することがあります。

○椎間板ヘルニア

背骨はいくつかの骨（椎体《ついたい》）が集まって形成されている。椎間板は椎体と椎体のあいだにはさまって位置し、クッションの役割を果たす。この椎間板が突出し、脊髄《せきずい》神経に影響を与える病気を「椎間板ヘルニア」という。

首の部分と腰の部分での発症が多く、局所の痛みと神経麻痺、それに運動が困難になるのが特徴。麻痺の状態や程度は、患部の位置や突出の程度によって異なるが、重症例では自力で立つことができず、排便、排尿も困難になることがある。

○ワンポイント　アドバイス

ダックスフントやコーギーなどでは、子犬のころから階段の昇り降りや飛びつく動作をできるだけ避けるべきである。3才をこえたらヘルニア年齢といわれている。ステロイド剤などの投薬と安静に保つことで、症状が改善することもある。近年では手術も一般的に行なわれるようになり、成功率も高い。

○変形性脊椎症

老化現象の一つで、椎体が変形し、ときにはとなりあう二つの椎体が橋をかけたように連絡することもある。痛みや麻痺が見られることもあるが、無症状のことも多い。

○ワンポイント　アドバイス

レントゲンでは飼い主さんは、かなりショッキングな画像を目にすることになるが、それでも無症状のことは多い。しかし、犬は痛みに対してはがまん強いので、痛みや不快感はおそらくあると思われる。もし本症があらわれたら、階段の昇り降りなどはできるだけひかえ、のけぞるような姿勢をとらせないようにしよう。

椎間板ヘルニアと変形性脊椎症

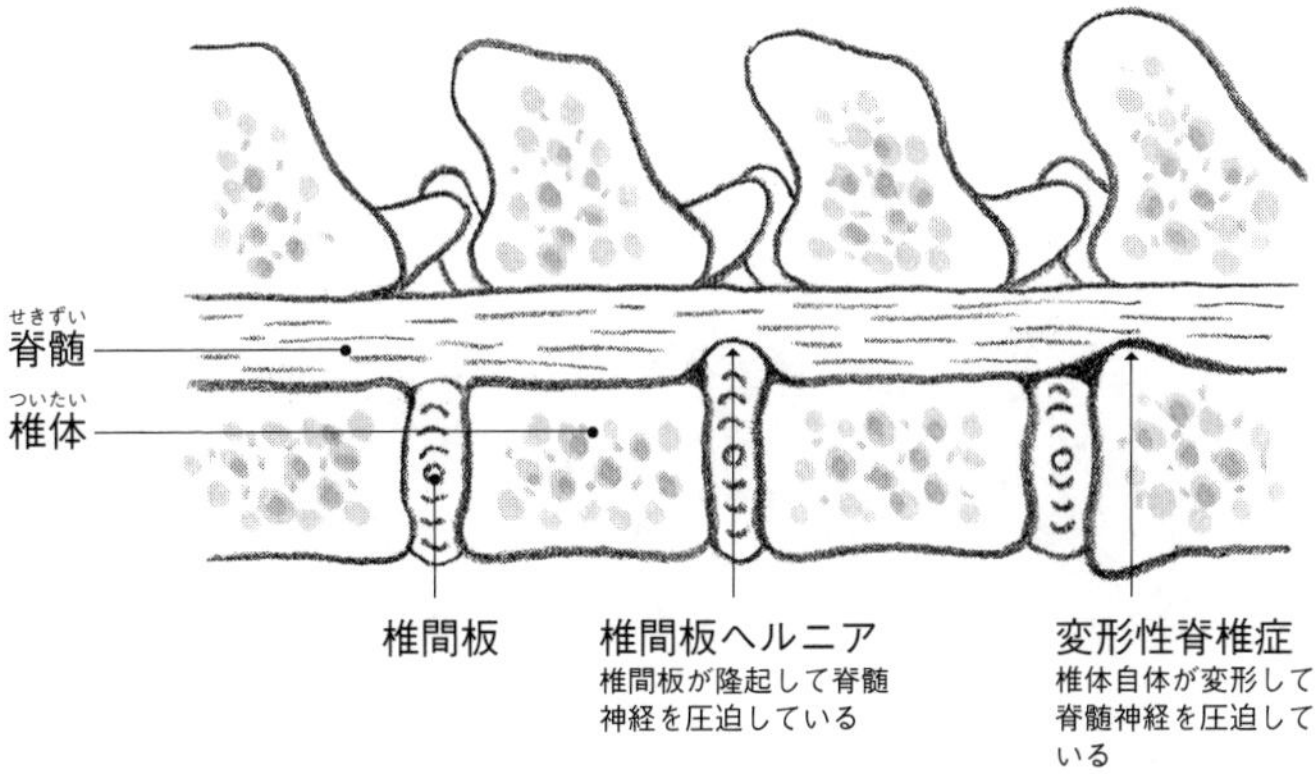

変形性脊椎症だけど、今でもアウトドア派のラオ

アイリッシュ・セッターのラオは、時々首から背中のあたりを痛がるとのことで、飼い主さんにつれてこられました。レントゲンをとったところ、十数ヶ所の変形性脊椎症が認められました。かなり進行していて、椎体と椎体に橋がかかっているように見えるところもあります。筋肉質で骨太、ふつうのセッターよりひとまわり大きな体型のラオですから、私としても「まさか」という感じでした。

しかし、飼い主さんといっしょに山を登ったり、河原を走りまわったりしていた犬なので、極度に運動を制限しないことに決めました。運動によって痛みがでる可能性はありますが、ラオの生活の質を維持するための決断です。階段の登り降りや、段差の多いところを走らせることなどは、できるだけ避けるように指導はしましたが、基本的な生活は今までと変わっていません。元気いっぱいで、楽しいアウトドアライフを送っています。

COLUMN2 愛犬の老いにそなえて、ペットシッターさんと上手につきあおう

私たちペットシッターの仕事は、ご依頼をいただいた方のお宅に出向いて、飼い主さんにかわってお留守番のペットのお世話をすることですが、グルーミングや獣医療、それに行動学や動物に関する法律など、動物についてのさまざまな基礎知識をひと通り身につけたうえでペットのお世話にあたっています。

ですから、最初にペットと顔あわせするときには、その子の性格やクセだけではなく、年齢や体格、それに歩き方や体の細かいところまで気を配ってチェックするよう心がけています。たとえば口臭はないか、耳の中の具合はどうか、目の輝きはどうか、といったところですね。

とくに一〇才をすぎた年齢の子に対しては、散歩の調子や食事のしかたにも注意するようにしています。長年いっしょに生活していると、ペットのちょっとした変化ってなかなか気がつくことができないと思うんです。そうしたちょっとした変化を、私たちペットシッターはできるかぎり目を光らせて、気づいたことがあれば飼い主さんにお話しするようつとめています。

犬はとてもがまん強い動物ですから、あきらかに病気だとわかる症状を見せたときには、もう獣医さんのお世話になるしかありません。でも「ちょっと太り気味かな」とか、「歯がよごれてきているかな」とか、「歩き方がちょっとヘンかな」など、病気にならないための予防の

段階でのおてつだいならば、ペットシッターがお役に立てることがたくさんあると思います。もちろん、獣医さんが行なうような病気に対する専門的な治療はできませんが、自宅にいるときのペットの様子も把握していますし、ある程度ならば病気に関するご相談もできると思います。

もうすでにどこかわずらっていて動物病院のお世話になっている状態であるならば話はべつですが、「どこか悪いわけではないけれど老犬になってきてなんとなく心配」というような場合にも、ペットシッターをどんどん利用してください。「たのまれたときだけうかがって、散歩してごはんをあげておしまい」というスタンスではなく、私たちもできれば末永く飼い主さんとともにその子を見守っていきたいと考えています。

ペットシッターSOS本部
東京都新宿区新宿5・11・1ホーメスト新宿ビル2F
TEL 0120・688・505

第3章

長く健康に暮らせる、老犬のための食生活

肥満を防いで楽しい老後を

ただしい食事が健康の基本

犬にはなにを食べさせたらよいのか

近年、犬の寿命が飛躍的にのびたことについては、いくつかの理由があげられます。動物医療の進歩や各種ワクチン、フィラリア予防薬の開発、生活環境の改善なども大きな要因ですが、食生活の向上もその理由として見のがすことはできません。

しかし、糖尿病や肝機能障害など、食生活が原因と思われる生活習慣病にかかる高齢犬が増えているのも事実です。また、アレルギーや食物不耐性《しょくもつふたいせい》（特定の食物を受けつけない体質）でなやむ犬も決して少なくありません。

毎日与えているにもかかわらず、多くの飼い主さんは、愛犬になにを食べさせたらよいのかなやんでいるようです。正直なところ、私（小林）も自信をもって「これがいちばんです」とおすすめできるものをつかんでいるわけではありません。

本やペットフードメーカーの宣伝、インターネット、口コミなど、ちまたには私たちをまどわす、犬の食事に関してのさまざまな情報があふれています。ペットフードに関してもメーカー間の主張にはかなりの食いちがいが見られます。いったい、なにを根拠にどの情報を信じたらよいのでしょうか。

判断の基準の一つは、「犬とはどういう動物で、どういった食べ物を食べてしかるべきなのか」を知ることだと思います。犬の食性や生理的な特徴を知ったうえで、愛犬にあった食事を選ぶことがとても重要なのです。日ごろの診療でも、食事を変えただけで、皮膚病や下痢などが改善されたケースは、決してめずらしくはありません。

この章では、私というフィルターを通して、ヘルス・スパンをのばすために効果的だと思われる情報をおつたえすると同時に、多くの飼い主さんが抱いている食事に関しての疑問を解消するおてつだいをさせていただきたいと思います。

犬の食性を考える

「先生、うちの犬がドッグフードを食べないんですが……」

「元気はありますか？」

「とても元気です」

「一ヶ月前とくらべて、体重は減っていますか？」

「減っていません」

「ジャーキーを与えたら、食べますか？」

「はい、喜んで食べると思います」

　病院で日に何度となくくり返される、飼い主さんとの会話です。

「ひょっとしたら病気かもしれない」と心配して来院されるのですが、ほとんどの場合、犬の健康には問題がありません。あくまでも、犬の全身状態に異常が見られない場合にかぎっての話ですが、この会話の中には、犬の食性を知るうえでのヒントがかくされています。いったいどういうことなのか、簡単に整理してみました。

飽食状態で飼われている

肉食動物の生理学的な体の状態は、すべて空腹が基準になっています。「犬は与えたら与えただけ食べてしまう」といわれていますが、これも空腹と飢餓を避けるための本能的な行動です。あなたの愛犬も、育ちざかりのころは際限なく食べていたのではないでしょうか。

ところが、飼い犬としての生活が定着していれば、決まった時間に食べ物は必ずでてきますから、飢餓の心配はまったくありません。また、人間ならば健康を維持するための義務のような気持ちで、食事を毎回とらなければならないと考えますが、犬にはそのような気持ちがあろうはずもありません。ですから、「食べたくなければ、食べない」のです。

一週間程度ならば、水だけでも耐えられる

野生の犬の仲間たちは、狩で獲物を捕らえることによって食べ物を確保します。獲物はいつでもかんたんに捕らえられるわけではなく、運が悪ければ何日も食べ物を口にできないこともありえます。人間ならば、三日も食べなければはげしく動くことはできませんし、そのあとにいきなりステーキを食べたら、確実に消化不良を起こします。もし、野生の犬

が数日食べないくらいで同じような状態になってしまうのなら、確実に死んでしまいます。

肉食に近い雑食動物である犬は、健康状態に問題がなければ、水さえ飲んでいれば一週間程度の絶食には耐えることができるのです。ですから、おやつと称してジャーキーのような犬にとって嗜好性の高い食べ物を与えたりすれば、気に入らないドッグフードは食べなくなってもしかたのないことなのです。「今日は特別にステーキをあげる」という感覚は犬には理解できませんから、次の特別がでるまで待ちつづけるというわけです。

基本は肉食

犬は当然のことながら、肉に対してもっとも嗜好性が高く、好みの順からいうと、牛肉、豚肉、ラム肉、鶏肉、馬肉であるとの研究報告があります。嗜好性は経験によっても大きく左右され、子犬のころから同じ食べ物しか与えられていない場合には、警戒して他の食べ物を口にしないこともあります。

ここで注意しなければならない点は、野生の肉食動物たちは「肉だけを食べているのではない」ということです。肉だけをきれいに食べて、骨や内臓を残すというようなことはありません。消化管内の未消化物もふくめて、草食動物の全身を食べきることによって、栄養のバランスが保たれるような体のしくみになっているのです。ですから、肉だけを食べていると確実にビタミン、ミネラル不足におちいり、体液のバランスが大きくくずれます。

嗜好性の高いものを食べる

自然の世界では、甘味は果実などの高濃度の炭水化物と関連しているので、肉食動物であっても先天的に好みます。ただし、ネコ科動物は甘味を感じないといわれています。反対に苦味は有害物質と関連していることが多く、先天的にきらいます。また、肉食動物の獲物は、塩分のバランスが保たれているため、犬の塩味に対する嗜好性は高くありません。

このように、犬は生まれつき野生の状態で自分の体を維持するのに都合のよい嗜好性をそなえています。これは、すべての動物にいえることです。しかし、自然界では、果実は貴重で犬たちはあまり口にすることはできませんが、家の中にはいつでも望みをかなえてくれる飼い主さんがいます。いろいろな経験をつんだ高齢犬であっても人間の幼児と同じで、「健康に留意して食べ物を選ぶことはありえない」のです。飼い主さんが責任をもって食べ物を選ばなければなりません。

もう一度、食事について考えてみよう

「食餌」か「食事」か

犬の食べ物は餌《えさ》だと考えられ、「食餌《しょくじ》」と表記されるのが一般的でしたが、最近では人間同様に「食事」とされることが多くなってきました。

私（小林）自身も、臨床の世界に足をふみいれたころは「犬の食事＝食餌」と考えていたのですが、犬と接するうちに少しずつ「犬には食べ物を味わう楽しみはないのか」という疑問がわき起こり、「もし、味わう楽しみがあるのであれば、その楽しみをうばうことは犬に大きなストレスを与えている」と考えるようになりました。

犬には鋭敏な嗅覚もあれば、（人間には劣っていますが）味覚ももちあわせています。毎日家の中で暮らしていれば、おいしそうなにおいがただよってきて、飼い主さんたちは湯気のたちこめる食べ物を楽しそうに口にしている……。そのような環境でいっしょに生活していて、自分だけは毎日同じものばかりを食べさせられているというのは、もし自分が犬の立場であったなら、いったいどのような気持ちになるのでしょう。

同じドッグフードを与えるにしても、缶詰ならば、別の容器に移して少しあたためただ

けでも食いつきがよくなります。老犬になるとだ液の分泌が悪くなりますから、ドライフードにスープを加えたり、肉や野菜を調理したものを加えると食べやすくなります。「ドッグフードに他の食品をまぜると栄養のバランスがくずれる」という意見もありますが、一回一回ではバランスがとれないとしても、一週間や一ヶ月単位でみてバランスがとれていれば、問題は起こらないような気がします。

野性の本能からか、犬はものを咬むことが大好きです。歯が丈夫であれば、骨を与えると犬はいつまでも咬みごたえを楽しんでいます。残念ながら、ドライフードにしても缶詰にしても、現在のドッグフードにはこの咬みごたえを満たすものは見あたりません。あまりに早く食べ終わってしまいます。最近のドッグフードは栄養学的にもすぐれていて、さまざまなタイプのものが販売されていますが、この点に関しては改善の余地がありそうです。新しいタイプのフードはできないものでしょうか。

私は、人間のように微妙な味つけまでは要求しないにしても、犬も味わう楽しみはもっていると思います。ならば、その楽しみを満たしてあげるべきです。「人間の食べ物を与えることは、犬を甘やかしていることになる」という意見があります。しつけという観点から見ると、食卓によってくるたびになにかを与えるという行為は、たしかに好ましいことではありません。しかし、だからといって、犬に手作り食を与えてはいけないことの理由にはつながりません。つまみ食いではなく、犬のきちんとした食事として手作り食を与えるのであれば、なんら問題はないはずです。

むずかしく考えないで、手作り食にとり組もう

「先生、うちの犬にはどのくらいカロリーをとらせたらよいのでしょう」

という質問をよく受けます。その飼い主さんに、

「あなたは一日に何キロカロリーを目標に食べているのですか?」

と反対に聞き返すと、ほとんどの飼い主さんはこたえることができません。不思議なもので、自分や家族の食事には無頓着でも、愛犬の食事となると、ほとんどの飼い主さんは栄養のバランスやカロリーを気にします。

長年受けつがれてきた経験やレストランのメニューなどを参考にすれば、人間の食事は食品成分表とにらめっこをしなくとも、一人前の献立を組み立てることができます。しかし、犬に対してはそのような例を見たことがないので、多くの飼い主さんは手作り食をむずかしく考えてしまうようです。

ドッグフードを与えるときは、軽量カップではかれば、カロリー計算などしなくても与える量を決めることができます。しかし、鶏肉だけを与えるにしてもどのくらい与えたらよいのか、最初はわからないと思います。まして や、栄養のバランスまで考えだしたら、とてもハードルが高くなってしまいます。

しかし、毎日の食事が完全栄養食である必要はないのです。私たちの食事でも、ラーメン一杯やトーストだけですませることもあるように、犬の食事でもときには手を抜いてもよいと思います。たとえば、ささみとキャベツだけの食事を三ヶ月も六ヶ月もつづければ体に問題が起こりますが、一週間程度であればとくに心配はありません。ようするに一週

RER（Resting Energy Requirement：安静時エネルギー要求量）早見表

体重(kg)	カロリー(kcal)	体重(kg)	カロリー(kcal)	体重(kg)	カロリー(kcal)
1	70.0	11	422.8	21	686.7
2	117.7	12	451.3	22	711.1
3	159.6	13	479.3	23	735.2
4	198.0	14	506.6	24	759.0
5	234.1	15	533.5	25	782.6
6	268.4	16	560.0	26	806.0
7	301.2	17	586.1	27	829.1
8	333.0	18	611.7	28	852.1
9	363.7	19	637.0	29	874.8
10	393.6	20	662.0	30	897.3

『獣医さんが教える手づくり愛犬ごはん』（小林豊和監修／主婦の友社刊）

間や一ヶ月の期間で見て、栄養的なバランスがとれていればよいのです。食べさせる量に関しても、一ヶ月程度の試行錯誤をくり返していれば、なんとなく適量がわかってくるはずです。前ページに、ほとんど運動しない犬が一日に必要とするカロリー（安静時エネルギー必要量）を示しました。この数値に、ライフステージや活動量などに応じて決められた数値（補正係数）をかけると、必要カロリーが算出されます。安静・寝たきりの成犬の場合の補正係数は1、高齢犬の場合は0・8〜1・4です(運動量や環境によって異なる)。メニューを考えるときの参考になさってください。

愛犬のために特別な食材を買いそろえる必要はありません。最初は家族のために用意したものを利用して、味つけをせずにつくればよいのです。魚を与えてもかまいませんし、豆腐などもタンパク源として利用できます。大豆製品は、おなかにガスがたまる病気の原因となるのでよくないという意見もありますが、人間の食品として加工されているものは問題がないようです。卵白に関しても、ビタミンB_2を破壊するのでよくないといわれることがありますが、かなり大量に食べなければ大丈夫です。

食材は人間と同じであっても、メニューは犬のためにアレンジする必要があります。犬の食性にもとづいた栄養バランスを考慮しなければなりません。例えば、タンパク質とカ

手作り食レシピ1
ラムチョップのミックスビーンズ

〈材料〉※体重12キロ成犬

・ラムチョップ（骨つき）　200g

・ミックスビーンズ（缶）　85g

・トマト、ジャガイモ　各140g

・セロリ　55g

・オリーブオイル　小さじ2

・水　400ml

〈作り方〉

1. トマト、じゃがいもは皮をむいて小さい角切り、セロリは筋を除いて薄切りにする。

2. フライパンにオリーブオイルを熱し、ラムチョップの両面をこんがりと焼き色がつくまで焼き、1とミックスビーンズを加えて軽く炒める。

3. 2を圧力鍋に移して水を加えて加熱し、圧力が上がったら弱火で20分。火を止めて圧力が下がるまでおく。

『獣医さんが教える手づくり愛犬ごはん』（小林豊和監修／主婦の友社刊）

ルシウムはヒトより多く与える必要がありますが、塩分は三分の一程度しか必要としません。もし、肉の分量が多ければ、肉じたいにふくまれる塩分で十分にまかなえます。
カルシウムに関しては、煮干しや小魚などをまるごと与えてもよいでしょう。若い犬ならばよく煮た骨を与えてもよいのですが、歯が弱っている老犬には咬みくだくことができません。また、火を通した鶏の骨は、咬んだときにするどく割れるので与えないほうがよいでしょう。

野菜類は細かく切りきざんだり、ミキサーなどでピューレ状にしたほうが、犬には栄養素の吸収がよいようです。やわらかく煮込んだおじややおかゆは老犬が食べやすいメニューですが、もしドロドロしたものをきらって食べなければ、凍らせてアイスキャンディーのようにしてみましょう。ネギ類や香辛料は避けなければなりませんが、まんべんなくいろいろなものを与えるよう、心がけてください。肉の種類ももちろんですが、内臓や鶏の皮などさまざまな部位のものを、慣れたら与えてください。ビタミンやミネラルの不足が心配であれば、コンブなどの海藻をやわらかく煮て与えたり、ナッツや煮干し、乾燥ワカメなどをそれぞれフードプロセッサーで粉末状にしたふりかけを作るのも一つの方法です。最初から全部を手作りでまかなうのがたいへんであれば、ドッグフードに加えること

手作り食レシピ2
たまご大根がゆ

〈材料〉※体重12キロ成犬

・鶏ささみ　85g

・溶き卵　3と1/2個分

・大根　140g

・オクラ（1本約10g）　6本

・ごはん　185g

・水　430ml

〈作り方〉

1. 鶏ささみは犬が食べやすい大きさに切る。大根は千切り、オクラは縦半分に切って小口から薄切りにする。

2. 水とごはん、1の大根とオクラを鍋に入れて中火にかけ、かゆ状になったらささみと溶き卵を加えてひと煮する。

『獣医さんが教える手づくり愛犬ごはん』（小林豊和監修／主婦の友社刊）

からはじめてみましょう。

年をとって食が細くなったときには、手作り食をおすすめします。愛犬に自分のつくったものを食べさせたいと思っている飼い主さんも、決して少なくはないと思います。深く考えないでとにかくはじめてみると、意外と簡単だったと気づくはずです。慣れてくると体調にあわせて食事を組み立てることもできますし、手作り食に慣れていれば、食べ物を飲みこむ力が弱くなったときには、流動食への移行も比較的かんたんです。

老齢犬の食事

個体差はありますが、老化は食べ物を消化吸収する能力にも大きな影響を与えます。必要十分な栄養素を与えたとしても、吸収の問題で栄養不良になってしまうこともあります。食事に含まれる水分を多くしたり、脂肪分を控えめにするなど、消化吸収を促す工夫を心がけてあげましょう。

ドッグフードは体重あたりの標準量を食べることによって、ビタミンやミネラルの必要量が摂取できるようになっています。もし、食べる量が明らかに少ない場合には、サプリ

与えてはいけない食べ物／要注意といわれる食べ物

与えてはいけない食べ物

ネギ類(タマネギ、長ネギ）…犬では血液中の赤血球を壊す。

香辛料(トウガラシ、コショウ、マスタード）…おなかに刺激を与え、下痢を起こす。

鶏の骨………火を通したものはするどく割れて、消化管を傷つける。

ブドウ、レーズン……………腎不全の原因になることがある。

チョコレート、ココア………カカオに含まれるテオブロミンが嘔吐や下痢、ショック状態を引き起こす。

お茶、コーヒー、紅茶………カフェインによって不整脈を起こすことがある。

要注意といわれる食べ物

ブロッコリー……ブロッコリー、カリフラワーなどのアブラナ科の野菜は下痢や嘔吐を起こすといわれているが、問題がないことが多い。

キャベツ…………大量に与えると甲状腺障害を起こすといわれているが、常識的な範囲であれば問題なし。

卵…………………アレルギーの原因になることがあるが、体質的に問題なければ良質のタンパク源となる。

卵白………………ビタミンB_2を破壊するが、卵黄にはビタミンB_2が大量にふくまれている。

乳製品……………牛乳やチーズなどは食物不耐性やアレルギーの原因になることがある。また、冷たいまま与えたり、大量に与えれば下痢の原因となる。ただし体質に問題がない犬に適量を与えれば、栄養価は高い。

青魚………………サバやイワシ、アジなどの青魚は、古くなるとヒスタミンという物質がアレルギーのような症状を起こすことがあるが、新鮮であればEPAやDHAなどの不飽和脂肪酸が多くふくまれていて、生活習慣病や皮膚病の予防に役立つ。

メントを加えたり、手作り食に切りかえるべきです。だ液の分泌量が著しく低下した犬は、ドライフードが飲みこみづらくなるので、同じような配慮が必要です。

また低下した消化機能をたすけるために、食事の回数はなるべく多くしましょう。最低でも三回、もし時間があるのなら四回でも五回でもかまいません。

老化が進むと食べ物を飲みこむ力も弱くなってしまいます。そのような状況になったら、時間をかけてゆっくりと食べさせてあげてください。イヤイヤながらも、飼い主さんの手からなら食べることもあります。ペースト状やスープ状の流動食をチューブや注射器にいれて、頬のあたりから流しこむこともできます。いろいろな考え方がありますが、少しでも食べる意思を示しているときには、私は食べさせる工夫をすべきだと思います。

肥満とダイエット

一才のときの体重をおぼえていますか

肥満とは、医学的には「体に脂肪が過剰に蓄積した状態」と定義されます。かんたんにいうと「太っている」ことをさし、いくら体重が多くても筋骨隆々とした体型は肥満ではありません。

では、愛犬が太っているのかどうかは、どのように判断をすればよいのでしょう。

純血種であれば犬種標準という規格があり、ヨークシャ・テリアならば三キロ前後、ラブラドール・レトリーバーならば二十五～三十四キロが望ましいというように定められています。しかし、同じラブラドールであっても骨格の大きさにはかなりのバラつきがあり、筋肉質の犬もいれば、いわゆる骨太の犬もいますから、この数値は参考程度にとどめておくべきです。人間にたとえると、同じ六〇キロであっても、身長一六〇センチであればやや太り気味ですが、一八〇センチならばやせ気味であるのと同じことです。

もし、愛犬のおさないころからの記録が残っているのであれば、生後一年時の体重を調べてみるとよいでしょう。記録がなければ、その当時かかっていた獣医さんに問いあわせてみるのも一つの方法です。極端な育てられ方をしていなければ、犬は成長期に太ることはなく、犬種によってばらつきはあるものの、生後一年時の体重が愛犬の適正体重の目安になります。残念ながら、不適切な育てられ方でこの時期に太らされてしまった犬は、脂肪細胞の数と大きさがともに増加してしまい、

成犬の適正体重表（kg）

大型犬（肩高58～64㎝）	
秋田犬	38～45
ジャーマン・シェパード	27～39
ゴールデン・レトリーバー	27～34
ラブラドール・レトリーバー	25～34
アイリッシュ・セッター	27～32

中型犬（肩高43～56㎝）	
ダルメシアン	21
シベリアン・ハスキー	16～27
ボーダー・コリー	18～23
ブルドッグ	18～23
紀州犬	15～20

小型犬（肩高30～41㎝）	
ウェルシュ・コーギー	8～11
柴犬	7～10
ミニチュア・シュナウザー	6.8
パグ	6～8
シーズー	5.5～7

超小型犬（肩高13～28㎝）	
ミニチュア・ダックスフント	3.6
ヨークシャ・テリア	3.2
ポメラニアン	2～3
チワワ	1～3

（資料：大日本製薬株式会社）

体格チェックの目安

のど…………肥満が進むとあごからのどにかけてたるみがでる。やせすぎればあごの骨がくっきりしてくる。

ろっ骨………ぐっとおさえるようにさわって骨の感じをチェック。手でおしても骨が感じられないようなら太り気味。

背中…………犬の体を上から見て、ウエストのところでなだからかにくびれているのがベスト。骨盤が目立たないのは太りすぎ。

首のうしろ…首、肩は太りやすい部分で、ここがぽっちゃりしているのは少々太り気味。逆にやせてくると首が長く見える。

ウエスト……体を横から見て、脚のつけ根にかけてなだらかに弧を描くのがベスト。太ってくるとぽっこりとたるんでくる。尾はつけ根から先にかけてほぼ同じ太さであることが望ましい。つけ根が極端に太いのは太りすぎ。

一生涯減量がむずかしくなります。

体をさわって体型を確認しよう

愛犬が太りすぎているかどうかは、体重計に乗った数値だけでは判断しきれません。ろっ骨や背中、骨盤のあたり、尾のつけ根などにふれて、その脂肪のつき具合などもふまえて、総合的に判断します。

くわしくは上の項目を参考にしてみてください。

肥満がおよぼす体への影響

運動器の疾患（関節炎など）
呼吸困難
高血圧
心臓血管系疾患（うっ血性心不全など）
肝機能低下
繁殖能力の低下
難産
熱不耐性（暑さに弱くなる）
運動不耐性
皮膚病の増加
腫瘍の増加
手術の危険率の増加
免疫機能低下
内分泌障害（副腎皮質機能亢進症、甲状腺機能低下症）
糖尿病
消化機能障害（便秘、潰瘍などの増加）

なぜ肥満はよくないのか

肥満は決して病気ではありません。少しぐらいの体重の増加であれば、日常生活での体調の変化はほとんど感じられず、むしろコロコロしていてあいきょうがあり、深刻に考えている飼い主さんは、いらっしゃらないのではないでしょうか。

しかし、目に見えないところで、肥満は確実に体をむしばみ、さまざまな病気をひき起こします。脂肪が増加し、体重が増えると、心臓や肺、肝臓、腎臓などの内臓は、増えた体重のぶんまで仕事をしなければならなくなります。また、重くなった体をささえるために、脊椎や関節にも大きな負担がかかります。

その結果、心不全や肝機能障害などの病気をひき起こします。とくに年をとって弱った体には、その影響は強くあらわれます。また、感染症に対する抵抗力が弱くなったり、皮膚病や腫瘍の発生率が高くなったりと、数えあげればきりがありません。体に大きな負担をかけるのですから、老化のスピードも早まります。

一般的には、体重が適正体重から十五％増えると、肥満の影響が体にでるとされています。たとえば、一才のときに一〇キロだった犬では、一一・五キログラムをこえると要注意ということになります。

むりのない減量を心がける

人間では二十代後半から代謝（食べ物をあらゆるエネルギーに変える過程）が低くなり、いわゆる「中年太り」がはじまります。

犬も大きさによる差はありますが、一才をすぎたころから代謝が落ちはじめ、よぶんに摂取した栄養素は体脂肪として蓄積されます。ですから、一才のときとまるで同じ体型、体重を維持することはむずかしく、多少の増加（十五％程度）はおおめに見てあげましょう。ただし、減量にあたっては、一〇〇グラム単位できびしくなっていただきたいと思います。五キロの犬での一〇〇グラムは、五〇キロのヒトの一キロに相当します。一〇〇グラム減ったら喜び、一〇〇グラム増えたら憂いてください。

むりのないダイエットのためには、一ヶ月の減量を体重の一〇％以内にとどめて、摂取カロリーを8割くらいに減らして、もっと食べたがるようなら野菜の分量を増やすなど、食事のかさを多くします。

体にむりがかからない程度の運動は、積極的にとりいれましょう。飼い主さんもダイエットできるかもしれません。最初の一ヶ月は、どんなに努力してもまったくやせないことがよくありますが、あきらめずにつづけてください。もし、いくら努力しても体重が減らない場合は、なんらかの病気である可能性がありますから、早めに獣医師に相談してください。

第4章

愛犬の老後を快適にするしつけと運動方法

年をとっても愛犬と楽しく遊ぼう

老犬のための運動・散歩・遊び

老犬だからこそ運動を

年をとってくると、体に負担になるからと運動をさせなくなる飼い主さんもいますが、これはまったくの逆効果です。老齢になったからこそ、適度な運動がとても大切になります。なぜなら、毎日の運動は健康状態を良好に保つためばかりではなく、老化にともなうさまざまな病気の予防にもなるのです。

また、外の空気を吸ったり、よその人や他の犬に会ったり、地面のにおいをかいだりと、いろいろな刺激にふれることができるのは、犬にとってとても楽しいことなのです。年だからといって寝かせてばかりいると、どんどん筋肉がおとろえていってしまいますので十分気をつけましょう。

散歩や運動をすることによって、あとで述べる老犬の問題行動（分離不安、夜の徘徊や遠吠えなど）の解消にもつながりますし、なにより飼い主さんとの大切なコミュニケーションになります。

運動量に注意する

人間でも、その人の体格や運動能力によって必要な運動量がまちまちなのと同じように、どんな種類の運動をどのくらいするのがよいのかは、その犬によって異なってきます。たとえば、同じ年齢でも大型犬と小型犬ではかなり異なりますし、同じ犬種でも若いころの運動量が異なれば、老犬になってからの散歩のさせ方もかかわってくるでしょう。その犬にあった運動量を見きわめる必要があります。

年をとってくれば、若いときと同じ運動量では体に負担がかかってしまいます。途中でとまって歩きたがらない、しかたなさそうに歩いている、すわりこんでしまう、ゼーゼーしてしまう、舌の色が紫になるなどの様子が見られたら、運動量を減らさなくてはなりません。

だいたいの目安としては、若いころの量を基準にして二割くらい減らしてみてください。たとえば、一時間散歩していた犬だったら四十五分程度にしてみましょう。つかれてすわりこんでしまう場合は、さらにもう少し減らす必要があります。

急にはげしい運動をさせたり、長時間運動をさせることも避けたほうがいいでしょう。年をとってからの運動は、体力をつけるというよりも今の体力を維持することが目的なのです。むりをしたのではせっかくの運動が負担になり、逆効果です。

また、年に一、二回は獣医さんに診てもらって、健康状態をチェックしておくことも大切です。気づかないうちに心臓病が悪化していたり、関節炎などで運動をすると痛みをともなうということも考えられます。

運動前にはウォーミングアップを

まずウォーミングアップで軽い運動、たとえばゆっくり歩く、少し家の中で遊んでから散歩にでる、あるいはおすわりかふせの状態で手足のまげのばしのストレッチなどをしてから、本格的な運動をするようにします。

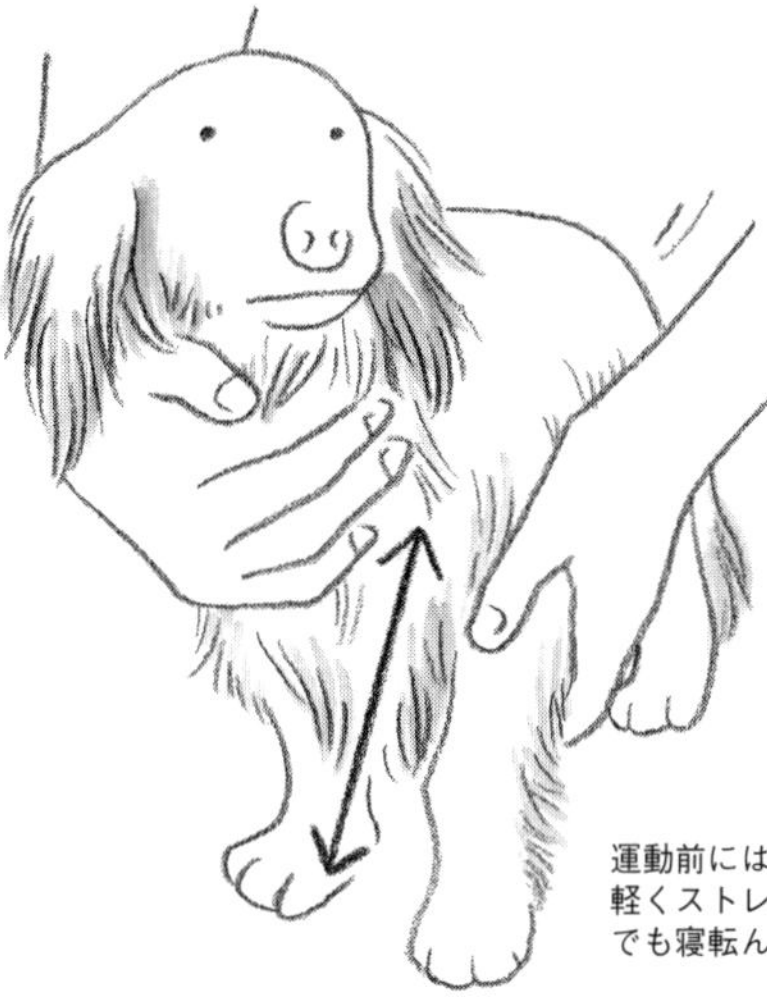

運動前には足をまげのばしして軽くストレッチを。起きた状態でも寝転んだ状態でもOK。

走る、ジャンプ、ボール投げなど、動きのある運動を急にすると、関節をいためたり、心臓に負担がかかりすぎたりします。飼い主さんがやりがちなのは、車に乗せて公園に行き、車から降りてすぐに運動をさせてしまうことです。まず車から降りたら少し散歩してウォーミングアップをしてから、ボール投げなどの運動をしましょう。

そして、運動を終えて帰宅するときも、同じようにクールダウンのための軽い運動やストレッチをして終わりにします。いっしょに遊ぶ飼い主さんのほうも、同様であることを忘れずに。

病気の場合

犬の気持ちをよくくんであげてください。ふだんあまり動きたがらないのに、散歩だけは大好きで、散歩になるといっしょうけんめいに歩く犬もいます。また日によって行きたがるときとあまり行きたがらないときもあるでしょうし、長く歩きたいときもあればすぐに帰りたがるときもあるでしょう。

老齢といってもほとんど若いころとかわらなく生活している場合には、それほど気にしなくてもかまいませんが、体が不自由になっていたり、心臓などに病気がある場合には、犬にむりをさせないよう十分注意しなければなりません。

たとえば心臓病の場合などは、長時間の運動や暑いところでの運動は負担になります。運動はできるだけ短時間で回数を多く、また暑い時間帯には運動をしないよう注意する必要があります。

関節炎や脊椎の病気などで足腰が不自由になってきている場合には、階段などの段差がある場所では抱きあげたり、胴輪を使って補助をしたり、できるだけ負担を減らしながら運動ができるように工夫してあげましょう。

心臓病になっても、運動をつづけているチョコちゃん

ミニチュア・ダックスのチョコちゃんは、8才のとき、散歩の途中で突然うずくまって動けなくなり、獣医さんに診てもらったところ心臓に異常があることがわかりました。獣医さんからは体重を増やさないように、運動は気晴らし程度であまりさせないようにといわれました。しかし、運動が大好きだったチョコちゃんのことを考え、パパはいろいろな工夫をしてむりをさせないように運動をつづけています。

たとえば散歩のコースは自宅の周囲のみでできるだけ刺激を減らす、ゆっくり歩き短時間で終わりにする、自宅を一周まわってもう少し歩けそうなときはもう一周する、ポストに行くときなどちょっとした外出にもつれていくこと、などなど。

また、他の犬に出会うと異常に興奮してしまい体に負担がかかってしまうので、他の犬がいるような時間帯を避け、できるだけ出会わないように注意をしているそうです。

散歩コースについて

若いときには、できるだけいろいろなコースを通って、いろいろなものに見たりふれたりすることが、社会性を身につけるうえでも刺激を与えるうえでも重要です。

しかし、老齢になってくると柔軟性が低くなり、新しいものに慣れるのに時間がかかりますので、できるだけ同じ時間帯に同じコースを歩くようにしましょう。とくに、白内障などで目が見えにくくなっている場合には、いつも同じコースにしてあげていれば、おおまかな様子をおぼえているので安心して歩くことができます。

歩くスピードも、その犬の様子を見ながら調節しましょう。気分のよい日は早く歩くかもしれませんし、調子のよくない日はゆっくり歩くかもしれません。くれぐれもむりをしないように気をつけてあげてください。

また、必要以上にストレスをかけないよう、他の犬や子供など苦手なものがある場合には、なるべく近づかないように気を使ってあげましょう。

年をとってもトレーニングを

「うちの子はもう○才だからダメなの」とか、「○才だから遅すぎる」という言葉をよく耳にします。

しかし、人もふくめて動物は一生学習するものです。これは、よいことも悪いこともふくめてです。痴呆のような状態になってしまっている場合はべつですが、何才になっても新しいことをおぼえることは可能ですし、しつけをしなおすこともできます。ですから、老齢になってもあきらめずに、いろいろなことを教えてあげてください。

たしかに若い犬のほうがものおぼえが早く、飲みこみも早いものです。これは人間も同じでしょう。しかし中には、七才からトレーニングをはじめて若返った犬がいます。脳は使うことをやめてしまうと、ただおとろえていくだけです。どんどん新しいことをおぼえさせて、頭を活性化させることがとても大切なのです。そのためにもっとも大事なのは、飼い主さんがしんぼう強く教えることです。

ほめられるのが大好き

むずかしいことや、競技会むけのトレーニングをする必要はありません。飼い主さんと楽しくなにかをして、その結果たくさんほめてもらえるということが大切なのです。人もふくめて、動物はよいことがあるとそれをくり返そうとします。ですから、たくさんたくさんほめてあげてください。そうすれば、犬は喜んでもっとやりたいという気持ちになるはずです。

ほめる場合にはタイミングがとても大切です。できるだけすぐに、長くても五秒以内を心がけてください。そして「ママ（パパ）もうれしいんだよ」という気持ちをこめて、こちらも楽しそうに笑顔をつくって、全身で喜びをあらわします。そしてごほうびとして大好きなおやつをあげたり、好きなところをなでてあげたり、いっしょに遊んであげたりします。そうすると、ほめられるとよいことがあると思い、ほめられることがもっと好きになるのです。

基本的な服従訓練（オビディエンス）といわれるもの、「おすわり」「ふせ」「おいで」「待て」やアイコンタクト（名前を呼んで反応する）などにこだわる必要はありません。想像力のままに、一芸や本能を利用した楽しいゲームをたくさん教えていきましょう。芸

7才からトレーニングをはじめた ノエルちゃん

シェルティーのノエルちゃんは、7才になってトレーニングをはじめました。他の犬を見ると吠えてしまったりと問題はあったものの、もうこの年齢だしとあきらめていたのですが、たまたまかかりつけの動物病院主催のしつけのセミナーに参加し、老化防止にもよいのではとしつけ教室に通うようになったのです。

しかしノエルちゃんはママの予想以上におぼえが早く、どんどん新しいことを吸収していったのです。トレーニングをはじめてから他の犬に対して興奮することも少なくなり、お散歩のときも落ち着いて歩くようになりました。

犬連れ旅行やドッグカフェでのお茶も、7才ではじめてできました。もっか、アジリティー（ジャンプやトンネルなどの障害物がふくまれるコースをどれだけ正確に早く走れるか競うもの）に挑戦中。8才とは思えないくらい元気にがんばっています。

も服従訓練も「なにかをしたらほめてもらえる」という基本的なことはまったく同じなのです。一度ほめてもらうことが好きになると、自分から「なにをすればほめてもらえるの？」と頭を使っていろいろ考えるようになってきます。

簡単な一芸を教えよう

たとえば、鼻でタッチをさせる（人の手やものなど）、犬の前肢でタッチをさせる、スピン、ゴー（ターゲットに行かせる）など。どんなことでも、想像力にまかせていろいろなことを教えることができます。

・鼻でタッチ…握りこぶしなどに鼻でツンとタッチさせることです。はじめは、手の中にごほうびをいれて握りこぶしをつくります。「タッチ」と言って、犬にごほうびのにおいをかがせます。そうすると、ごほうびを探して手にタッチするはずです、そこでタッチした瞬間に「おりこう」とほめて、手を開いてごほうびを食べさせてあげます。そうすると、タッチするといいことがあると覚えていくのです。そこでタッチした瞬間に「タッチ、おりこう」とタッチの言葉をつけてほめます。「これがタッチというものだ」と教えてあげるのです。

鼻でタッチ
手のひらや握りこぶしに鼻でタッチさせます。比較的かんたんにおぼえられます。

スピン
ぐるっと円を描いてまわる「スピン」。あまり遊びすぎると目がまわるかも？

・スピン…頭が尾を追いかける程度の円を描いて、犬がくるっとまわるようにすることです。ごほうびを中にいれた握りこぶしを、追いかけさせるようにしながら、「スピン」と言って、尾の方に向かって動かします。まわってほしいように動かします。

・ゴー…犬にターゲットとなるもの、たとえばタオルやマット、ベッドなどを教えて、指をさしてその場所に行くようにします。はじめはマットのうえに大好きなもの（ごほうびやおもちゃ）をおいて、そちらを指さしてとりに行かせるようにします。慣れてきたら少しずつ距離をのばしていきましょう。

ハンドシグナルと言葉で

老犬になってからのことを考えると、コマンド（号令）を教える場合には、ハンドシグナル（視符《しふ》）と言葉（声符《せいふ》）の両方を教えておくとたいへん役に立ちます。

たとえば言葉のコマンド「おすわり」「ふせ」に対して、ハンドシグナルは手でだす合図、「おすわり」ならば「人さし指をだす」、「ふせ」ならば「手をひろげて下におろす」となります。

耳が聞こえなくなったときや、人ごみ、遠く離れた場所では、ハンドシグナルが重要になります。耳が聞こえなくなったとしても、目で見えるハンドシグナルによって理解することができるからです。とくに犬は言葉を使うのではなく、ボディランゲージを使って表現する動物なので、ハンドシグナルのほうによく反応する場合が多いのです。また、目で見えるシグナルなら「足ぶみをする」「目で合図をする」など、手以外でも応用できるものは数多くあります。

一方、目が見えなくなったときには言葉がたよりになってくるわけですが、目が見えないことをおぎなうために、合図として頭をつつく、体をつつく、足をふみ鳴らすといった動作を使うこともできます。

トレーニングをするときの注意

老齢になってからのトレーニングは、飼い主さんとすごす楽しい時間を増やすこと、ほめられることできずなを深め信頼関係を強くすること、頭を使うことにより老化を防ぐことなどが目的です。

集中力は若いころにくらべると落ちてしまうこともありますので、一回で十五分間トレーニングするより、三十秒単位のトレーニングを数回行なうほうがいいでしょう。忙しいときにはかんたんなことだけでもかまいません。一回の時間は短くてもいいので、毎日なにかをするようにしましょう。

あせってむりになにかをさせるようにすると楽しくなくなってしまいます。あくまでも「楽しくやる」ということを忘れないでください。

また、他の犬とくらべることもやめましょう。もちろん若い犬にくらべればおぼえは遅いですし、犬種によってもかなり異なってきます。他の犬とくらべて「うちの子はダメだわ」なんて比較をするのはまちがっています。いっしょうけんめいやっているワンちゃんがかわいそうですね。その犬なりのペースがありますので、そのペースでもがんばっていることをほめてあげましょう。

また、身体的な問題がどの程度あるのかもしっかり把握しておきましょう。たとえば関節が痛い場合には、おすわりやふせの姿勢をとるのが困難なこともあります。そこでできないからとしかってしまうと、トレーニングがきらいになってしまいます。また、高いジャンプなども要注意です。号令にしたがったとしても、動作がとても緩慢な場合、あるいはする気持ちはあるのになかなかしようとしない場合には、むりをしないで早く獣医さんに診てもらうようにしましょう。

おもちゃを使って頭の刺激になる遊びを

フードを使って嗅覚を利用したり、犬の本能を使うようなおもちゃはとてもよい刺激になります。体を使うようなものより、頭を使うようなものがよいでしょう。たとえば、コング（中が空洞になっていて、そこにジャーキーやチーズなどをつめてそれをとりだそうとして遊ぶゴム製のボール）におやつをつめて、なかなかとりだせないようにして遊ばせるのもおすすめです。

またおもちゃを使うだけでなく、いろいろな遊びを考えてみるのも楽しいものです。たとえば、大好きなおもちゃをかくして宝探し。犬の大好きなものをかくし、「探して探して」「おもちゃどこ？」などと楽しそうに声をかけて探させます。はじめはわかりやすい場所からはじめて、少しずつわかりにくい場所にレベルアップしてゆき、最後にはとなりの部屋や離れた部屋までも探しだせるようにしていきます。探しだせたらたくさんほめて、そのおもちゃで遊んでごほうびをあげましょう。

このほかにも、紙コップをいくつか用意して「どこにあるかな？ゲーム」。用意した紙コップのうちの一つにおやつをいれておき、どこにあるか探させるゲームです。探しだせたらコップの中のおやつをあげましょう。コップでなく紙の袋をいくつか用意して一つにおもちゃをいれておき、どの袋に入っているか探させるのも楽しいゲームです。

また、飼い主がソファーやテレビのうしろなど見えにくい場所にかくれて探させる「かくれんぼ」もいいでしょう。かくれるあいだは一人が犬をつかまえておいて、そのあいだに他の人がかくれるようにするといいでしょう。外でやる場合には、一〇メートルくらいのロングリードを使って、木のうしろや植えこみにかくれて遊びます。

ストレスを与えすぎない程度に、飼い主もいっしょに楽しみながら遊びましょう。

いくつか用意した紙コップの中におやつをかくして探しださせます。見つけることができたらたくさんほめてあげて。

老犬の問題行動

老犬の問題行動とは

問題行動とは、文字通り「飼い主をこまらせる、愛犬の行動上の問題」のことで、現在では次のようなものが指摘されています。

人間や他の犬に対して吠えかかったり咬みつこうとしたりする「攻撃性」、家の中にある家具などさまざまなものを咬んだりこわしたりしてしまう「破壊性」、とにかく興奮しやすくまったく落ち着くことができない「興奮性」、雷やバイク、車の音などに対して異常にこわがる「恐怖症」、飼い主と離れることに異常に不安を感じてしまう「分離不安」、強迫神経症的に、異常な頻度や長さで同じ行動（自分の尾を追いかける、同じ場所を行ったり来たり歩きつづける、ある箇所の皮膚をなめつづけるなど）をくり返す「常同行動《じょうどう》」、

老齢犬で見られる問題行動の比較

	9歳以下(%)	9歳以上(%)
攻撃性（人に対して）	53	27
攻撃性（犬に対して）	7	5
排泄の問題	19	23
破壊性	14	29
興奮性	7	0
恐怖症	5	16
分離不安	5	29
過剰な鳴き声	5	21
常同行動	2	5
徘徊／落ち着かない	0	8

(behaviour problems of the dog and cat by G.Landsberg, W.Hunthausen and L. Ackerman)

そして所かまわず排尿、排便をしてしまう排泄の問題、など。

上の表は、アメリカで報告されている問題行動の比較ですが、九才以上では「排泄の問題」「恐怖症」「分離不安」「遠吠え」「常同行動」「徘徊」などが多く見られるようです。

年をとれば人間同様、犬にもさまざまな問題行動が見られるはずなのですが、おそらく飼い主としては「もうこの犬も年だからしかたがない」とあきらめてしまっていることが多いようです。

しかし前にも述べましたように、何才になっても動物は学習しつづけます。学習速度は遅くなりますが、こうした問題行動に関してもしつけなおしは可能です。あきらめてしまったら、そこから前進はありません。かかりつけの獣医師に相談しながら、愛犬がかつて子犬だったころの気持ちにもどって、気長にしつけをしてみてください。

一方、五才くらいまでの若い犬に見られる問題行動は攻撃性に関するものがとても多く、私が以前飼っていた犬も、ブラッシングや歯みがきなど、自分がきらっていることをすると攻撃的になり、何度も咬まれた経験がありました。しかし一〇才をこえたころからこのように咬むことは少なくなり、最後には口の中に手をいれられるようになりました。この犬の場合は、問題行動の解決のためのしつけはまったくしていなかったので、年を重ねて自然に攻撃性が低くなっただけだといえるでしょう。

このように、攻撃性に関しては老齢になるにつれて少なくなるようですが、関節炎などによる痛みや体の不調から、今までまったく問題のなかった犬が、患部の周囲や近くをさわるととてもいやがり攻撃的になるということは考えられます。突然攻撃的になったり、さわられるのをいやがるようになったら、すぐに獣医さんに診てもらいましょう。

排泄の問題

老犬での排泄の問題として多いのは、家の中でもところかまわずするようになってしまったとか、トイレに行くまでにがまんできずにしてしまうとか、トイレの場所がわかっているのに変なところでしてしまう……などといった、今までおぼえていたはずのトイレがうまくできなくなってしまった、という問題です。

小型犬なら量も少なくにおいもそれほどきつくないので、「年だからしかたない」とそれほど問題にしない人が多いようですが、中型犬や大型犬になると量が多いのでにおいもきつく、そうじをするのもひと苦労です。とくに雄、それも去勢をしていない雄は特有の尿臭があり、かなりくさいものです。また大型犬の場合、排便も人間とかわりないくらいの量ですので、ひんぱんにそうじをしなければならないとなるとたいへんな作業になります。

身体的な問題を解決する

これは、しつけの問題というより身体的な変化が行動に影響をおよぼしているためです。

たとえば、ふつうなら膀胱《ぼうこう》にある程度まで尿をためておくことができるのですが、老齢になるにつれて膀胱の筋肉がゆるみ尿をためておくことができなくなったり、腎疾患《じんしっかん》や糖尿病などにより尿の量や回数が増えたり、あるいは関節炎などの痛みによりトイレに行くことが困難になったりするため、若いころのように排泄ができなくなるのです。

このように、身体的な問題から排泄を失敗している場合は、原因となっている病気の治療をすることで失敗しなくなることも多いようです。完治しなくても症状が緩和されるだけでずいぶん変わるはずです。老齢にともなってでてくる病気は、完治させることよりも、健康を維持しながらうまく病気とつきあいつづけていくことが大切です。投薬などで治療をしながら、あらためてしつけをしていくようにしましょう。

トイレにする場所

室内で排泄のしつけをする場合は、がまんさせずにすぐトイレに行くことができるよう、いつも寝ている場所の近くに用意してあげましょう。においが気にならないようにと人のいない奥の部屋やバスルームなどにトイレを設置する飼い主さんもいますが、そうするとその場所まで行くのがおっくうになったり、その場所までがまんできずに途中でしてしまったり、寒いあるいは暑い、ひと気のある場所から離れたくないなどの理由で行きたがらなくなる可能性があります。できれば人のいる場所にトイレを設置して、排泄をしたらすぐにかたづけるようにするとそれほどにおいも気にならないと思います。

トイレはサークルや段ボールなどでかこい、その中にはペットシーツを敷きつめるようにします。大きさは、犬の体が十分入ってなおかつ体のむきが変えられるくらいを目安にしてください。小さすぎるとはみだしてしまい、トイレの場所があいまいになってしまうので、できるだけ大きいものがよいでしょう。

散歩に行く前には、必ずトイレと決めた場所で排泄をすませ、それから散歩に行くようにします。これが習慣になると、その場所が刺激になって、その場所に行っただけで排泄するようになります。たいていの犬は散歩が好きなはずですので、「トイレをすれば散歩に行ける」とおぼえるはずです。トイレをしたことに対して、散歩に行くことがごほうびになるというわけです。

万が一、都会や住宅が密集している場所でしてしまった場合は、排尿した場所を水で流したり、ペットシーツでふきとるくらいの配慮が必要です。

トイレを失敗したら

もしトイレを失敗したとしても、絶対に「どうしてこんなところにしたの」などと、しからないでください。犬は人間の言葉を理解することはできませんので、時間がたってからしかられてもなにをしかられているのかまったくわかりません。

老犬の場合は身体上の問題から自分の意思と関係なくトイレを失敗している可能性もあります。トイレを教えるときには、失敗をしかるのではなく、できるだけ失敗しないような状況を飼い主の側でつくってあげて、成功したらたくさんほめるようにしていくことがとても大切です。いろいろな手助けをしてあげて、成功できるようにみちびいてあげましょう。

排泄をがまんできなくなっている場合には、トイレにつれていく回数を多くするようにします。今まで一日二回の散歩がトイレタイムであったなら、昼間にもう一度外につれだしてあげるとか、夜寝る前にもう一度トイレタイムをつくってあげるようにしてみましょう。トイレの時間、食事の時間、散歩の時間、寝ている時間など、一日のスケジュールをメモにとってみると排泄をする時間（たとえば食事のあと○分後とか、起きてから○分後などのように）やがまんできる時間を把握することができます。このようにして、犬の時間にあわせてトイレにつれていくようにすればいいわけです。

トイレの数を増やすのもよい方法です。一つの部屋に一つのトイレがあるようにしたり、犬が移動するときにトイレを移動するようにしてもよいでしょう。体が不自由になってくると、トイレのある場所まで移動することじたい、おっくうだったり苦痛だったりして、寝床の周囲や寝床の上でしてしまうようになるかもしれません。できるだけ容易にトイレに行かれるように工夫をしてあげてください。

また、トイレまでの道に段差がある場合には段差をなくすような工夫をしたり、階段を昇り降りしなければならない場合にはトイレの場所までは抱いてつれていくなど、トイレに行きやすいような配慮を考えてあげることも大切です。飼い主がつれていってでもちゃんと排泄ができれば、きちんとほめてあげましょう。

むりに自分で行かせようとして、途中でもらしてしまってしかるのはよくありません。失敗させる状況をつくってしかることになってしまいます。愛犬と飼い主さん自身にとってやりやすい方法、成功させる方法を考えてみてください。

オムツやトイレシーツをうまく利用しよう

長時間の留守番でどうしてもトイレにつれていかれない、あるいは長時間の留守番に耐えられなくなっているなどの場合は、オムツをするか、サークルの中にトイレシーツを敷きつめてでかけるとよいでしょう。

犬用のしっぽの穴があるオムツも市販されています。大きな犬の場合には、人間用のオムツでしっぽのところに穴をあけることで代用できます。オムツならまわりをよごす心配もありませんし、排泄物をふみあらすこともありません。しかし、排泄物が長時間オムツの中にあると、おしりのまわりやおなかがただれてしまうことがありますし、排泄物によって毛が変色してしまうこともあります。おしりや陰部、ペニス周囲の毛は短くカットして、清潔にしておくようにしましょう。また、慣れるまではオムツをきらって自分でひきちぎろうとする犬もいますので、はじめは注意をして見てあげましょう。

サークルにトイレシーツを敷きつめた場合は、排便したあとに歩きまわってふみあらすこともあります。このようなときは、足の裏の指の間に便が入りこんでしまうこともありますので、便をふんで歩いてしまった場合は、念入りにチェックして洗ってあげましょう。

分離不安

分離不安とは、飼い主を慕いすぎるあまり、飼い主と離れることに対して異常に不安を感じてしまうことをいい、ひどい場合にはパニック状態におちいるケースもあります。

もともと犬は群れをつくる動物なので、一人になることはにがてです。しかし人と生活するうえでは、一人でいなければならないときもあること、一人で留守番をしなければならないときもあることを教えてあげなければなりません。小さいころから留守番をし慣れている犬ならば、一人にしてもそれほど不安を感じず、ふつうの状態で飼い主の帰りを待つことができます。しかし一人になることに慣れていない犬の場合、老齢になるにつれて分離不安の傾向が強まるように思われます。

分離不安になると、飼い主がでかける準備をはじめただけでガタガタとふるえはじめたり、でかけるとすぐに吠えはじめ（多くは遠吠え）、吠えているあいだに失禁してしまったり、ドアの前でうろうろ歩きまわったりしてしまうのです。

分離不安に関しては飼い主側にも問題があり、必要以上に心配をしていっしょにいる時間を増やしたり、家にいるときに多く声をかけたりと、犬に注目する時間が多くなりがち

「ひとりぼっちにされるのかなあ…」とドアの前をウロウロ。

になり、その結果、逆に飼い主がいない時間のさみしさが増強されてしまうのです。むりにいっしょにいる時間を増やすより、今まで通りの生活をしたほうがよいでしょう。もし生活を変えるなら突然変えるのではなく、少しずつ変えていくようにします。

　分離不安の犬の場合には、短い時間から少しずつ一人で留守番をする練習をしていきます。たとえば、ポストに郵便をとりに行ったりお風呂に入ったりしているあいだなど、「短時間で飼い主はすぐにもどってくる、だから心配する必要はないのだ」とわかるまで、コツコツとやりつづけてみましょう。

外出するときには、犬の大好きなおもちゃを与えてそれに夢中になっているすきにでかけるようにします。でかけるとき、「○○ちゃん、行ってくるね。待っててね。大丈夫だからね。すぐにもどるからおりこうにしていてね」などの大げさなあいさつはせず、「じゃあね」くらいの短い言葉をかけるか、あるいはなにもいわずにでかけてください。犬によっては、でかけるときの言葉をかけたほうがよい場合と、かけないほうがよい場合があるので、どちらが落ち着いていられるか様子をよく観察して決めてください。そして帰ってきたときも、あまり大げさなあいさつはしないようにします。一人で興奮してしまう場合には、興奮がしずまって落ち着くまで無視をして待ってください。また、留守番の前には十分な運動をしておきましょう。肉体的に満足していると不安な気持ちもやわらぎます。現在では不安をとりのぞく薬も開発されています。あまりにひどい場合は、獣医師に相談してみるとよいでしょう。

また、老齢になると新しい環境に順応する能力もおとろえてくるので、不安を感じやすくなります。旅行につれていったりペットホテルや動物病院にあずけることも、慣れている場合以外はあまりおすすめできません。旅行につれていくと、若いころは大喜びで走りまわって楽しそうにしていたかもしれません。でも年をとってくると新しい場所にとまどって不安を感じるだけで、「楽しいのは飼い主だけ」なんてこともありえます（人間にとっては「旅行」でも、犬にとっては「移動」でしかないわけです）。

それでもやむなく旅行や遠い場所につれていくなら、できるだけいつもと同じ状態でいられるようにしてあげましょう。たとえば家で使っているケージやベッドなどをそのままもっていくとか、どうしても待たせなければならないときには慣れている車の中にいれておいてあげる、などの配慮を忘れないようにしましょう。

あずける場合には、ペットショップやペットホテルより動物病院のほうが安心かもしれません。なにかあったときにはすぐに治療をしてもらうことができます。ただし、動物病院よりもペットホテルやペットショップに行き慣れているようでしたら、そちらのほうが犬にとっての不安は少ないでしょう。その場合には、あずけ先にかかりつけの病院の連絡先を必ず知らせて、なにかあったらつれていってもらえるようお願いしておきましょう。

しかし老齢になった犬の場合は、行き慣れているはずの動物病院やペットショップなどでもストレスを感じて具合が悪くなることもあります。そのような場合は万全を期して、知人やペットシッターにお願いして食事の時間と散歩の時間だけ家に来てもらい、自宅で世話をしてもらったほうがいいでしょう。

恐怖症

恐怖症とは、雷、花火、工事の騒音など特定なものに対して異常に恐怖を示し、パニック状態におちいるような場合をいいます。どんな犬でも、大きな音に対しておどろくものですが、しばらく時間がたつと落ち着いてきます。音に対してまったく反応がないという場合のほうがめずらしいくらいですが、老齢になってくると大きな音などに対して敏感になるので、若いころとはちがった配慮が必要になってきます。

恐怖症の場合には、異常なほどにブルブルふるえて、部屋のすみのせまくて暗い場所に入ってしまってでてこなくなったり、そこから逃げようとして脱走してしまったりすることもあります。あるいは数日間まったく食欲がなくなったり、あばれまわったりなどのケースが見られます。

花火や雷は季節性があり、その時期にはひんぱんに遭遇する機会があるものですが、何度もその音に遭遇していると、回を重ねるごとにどんどん恐怖を感じるようになり、しだいに音そのものに対して敏感になっていきます。

たとえば、はじめは五のレベルくらいの大きさに対して反応していたのが、一くらいの

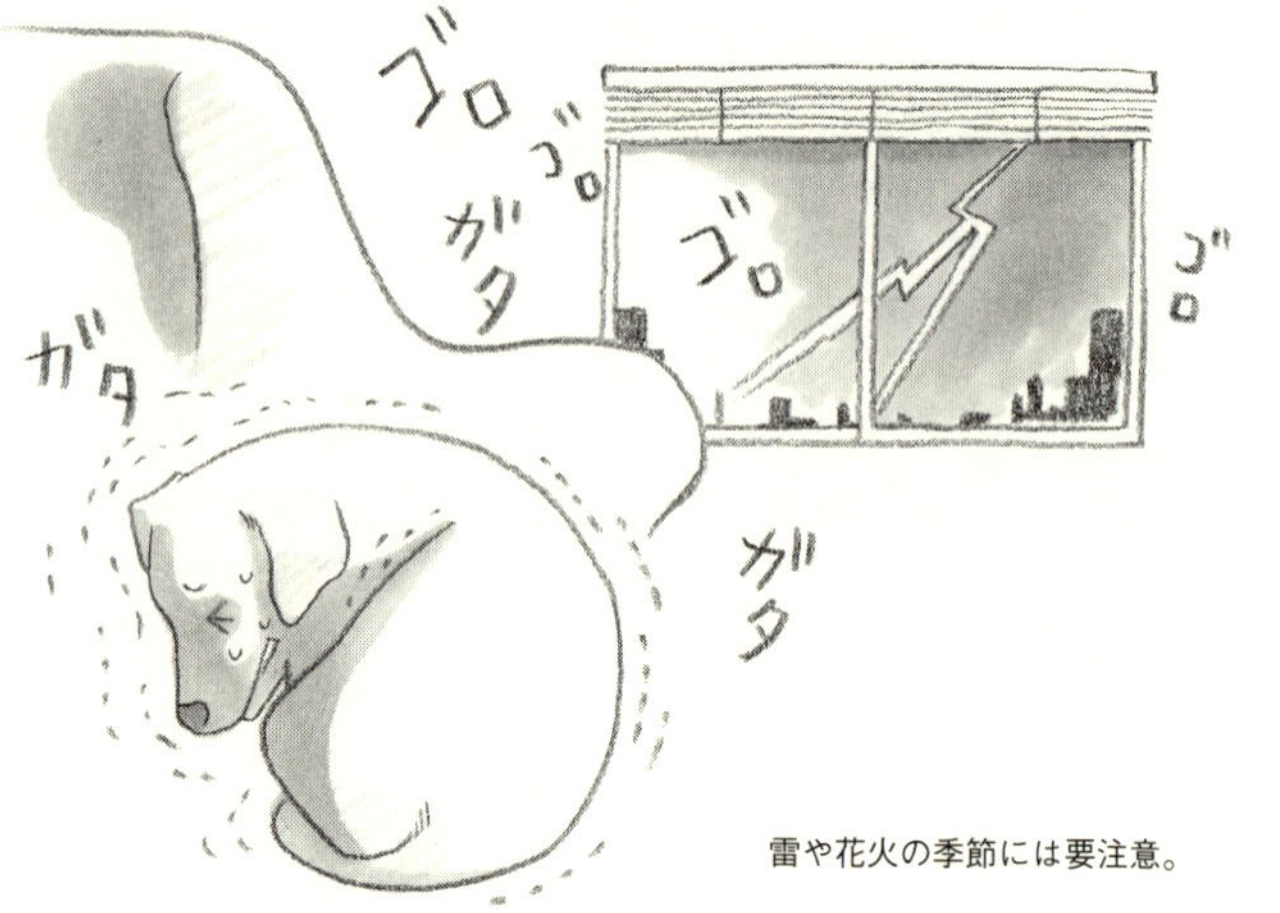

雷や花火の季節には要注意。

レベルでも反応するようになって、しまいにはちょっとした物音に対しても反応するようになることもあります。

またはじめは花火の音だったのが、似ている同じような音や大きな音、たとえばガラガラいう音だけでも恐怖を感じるようになってしまうケースもあります。ひんぱんに遭遇すると少しずつ慣れてくる場合もありますが、その季節が終わるとまた音のない生活にもどってしまうので、次の年の同じ季節になるとまた恐怖を感じてしまう……ということをくり返してしまうのです。

対処方法としては、雷の季節には天気予報に注意をして、雷のありそうな日に

雷恐怖症で命を落とした
ボギーちゃん

マルチーズのボギーちゃんは、小さいころから雷が大きらいでした。それが、８才をすぎたころから、以前にも増して雷をこわがるようになってしまいました。雷がやってくることがわかるのか、雷が鳴る前からおびえてベッドの下に入ったまま、次の日まででてきません。食事も満足にとれないほどです。その後数日は、ちょっとした音にもおびえてしまうほどでした。

そしてある夏の日、夕方からものすごい雷がつづき、パニック状態におちいってしまったボギーちゃんは、極度の緊張状態から心臓発作を起こして亡くなってしまったのです。

突然のことで、飼い主さん家族は本当に深い悲しみにつつまれました。まだまだ元気でもっと長生きするはずだったのに……。

は雨戸やカーテンをしめるなどして音が入りにくいように工夫をします。さらに、外の音が聞こえにくいようにやや大きめにテレビやラジオなどの音を流します。花火の時期には、行なわれる場所や開始時間を調べておいて、その時間になる前に音が聞こえにくくする工夫をしましょう。

不安になってすみにかくれてしまったりこわがってふるえているときには、「大丈夫、こわくないからね」などと声をかけたり、なでたり抱きしめたりすることはやめて、無視をするようにします。不安なときに声をかけたりなでたりすると、それを応援していることになってしまい、不安になることがよいことだと思ってしまうのです。

まず飼い主さん自身が「たいしたことないよ」という気持ちで落ち着くように心がけることが大切です。そして不安な気持ちが少しずつでもやわらいで、落ち着いてリラックスできたらたくさんほめてあげましょう。音に対する恐怖心を減らすために、雷の音のＣＤなどを小さい音から少しずつ大きくしながら聞かせていくのもよいでしょう（ただし雷の場合は音だけでなく、振動や気圧の動きも関係があるのではないかといわれているので、音だけを聞かせてもあまり効果がないこともありますが）。

雷をこわがる犬は、「雷の音＝こわいもの」と関連づけています。それを「雷が鳴るとよいことがある」と思わせるようにしていくのです。雷や花火の音が鳴りはじめたら、気をまぎらわせられるような、犬の大好きなことをするようにします。たとえば一芸をやらせてごほうびをあげたり、おもちゃなどでいっしょに遊んであげたりしましょう。

ひどい場合には、不安をとりのぞく薬を飲ませることも検討しましょう。薬というといやがる飼い主さんも多いのですが、極度に不安な状態にさせてしまうほうがかわいそうです。獣医さんに相談してみましょう。

常同行動

動物は強い刺激を受けてストレスを感じると、それを減らそうとして毛づくろいをしたり、あくびをしたり、なにかを食べたり、遠吠えをするなどの転嫁《てんか》行動を行ないます。そうしたストレスの強い状態がつづくと、皮膚をなめつづけたり、過剰な毛づくろいから自分の毛をひきちぎったり、自分の尾を追いかけまわしたり、同じ場所を行ったり来たりするような異常な行動に発展していきます。

恐怖症や分離不安ほどではありませんが、老齢になってくるとこうした常同《じょうどう》行動が見ら

しきりに同じところをなめて、
赤くただれてしまうことも。

れるケースも増えてきます。

この常同行動は、はじめはストレスによるものであったとしても、そのあとに飼い主さんが注目したり、「やめなさい」などの声をかけることによって、知らないうちに強化されてしまう場合もあります。このような場合には投薬が必要になることが多いので、行動学にくわしい獣医さんに相談してみましょう。

高齢性認知機能不全

一般的に「ボケ」や「痴呆」といわれるような症状として、
1　生活のリズムが昼夜逆転する
2　一定方向に前進して歩きつづける、グルグルまわりながら歩きつづける
3　食欲が異常に増える
4　意味もなく遠吠えをつづける
5　名前を呼ばれてもわからない
などがあります。これらは高齢性認知機能不全、一般的に「認知症《にんちしょう》」といわれます。認知症というと「もう治らないのでは」と思うかもしれませんが、わずかずつでも進行を遅くする方法はありますので、獣医師さんと相談しながら試してみましょう。

生活のリズムが昼夜逆転すると、夜になると起きて動きまわり、朝になると眠りに入って昼間は一日中寝ているという生活をくり返します。これは睡眠のサイクルに異常が起き、レム睡眠（深い睡眠）が少なくなるためだと考えられています。このような状態になると、飼い主さんもいっしょに起きていなければならず、犬よりも飼い主さんのほ

うがつかれはててしまうことがあります。

夜中に歩きまわることじたいを変えることはむずかしいですが、昼間に多めに運動をすることによって、夜よく眠るようになることもあります。あまりにひどい場合は、薬で落ち着かせるという方法も考えられますので獣医さんに相談してみましょう。

また、一定方向にどんどん前進して歩きつづけるという症状の場合、障害物があってもかまわずに進もうとするので、家具にぶつかって頭をぶつけたり目をぶつけて傷をつくってしまったり、あるいはせまい場所に入りこんでそれでもどんどん前進しようとした結果つかれはててしまったりするケースがあります。

これに対する方法は、後章でくわしく述べますが、サークルを使ったり、ぶつかりそうなものをブロックしたりするなど、生活しやすくしてあげる必要があります。

グルグルまわりながら歩きつづける場合は、たいていは時計まわりか反時計まわりか一方向に決まっていて、グルグルまわりながら歩いてやはり家具に頭や体をぶつけたり、すみに入りこんででられなくなって消耗してしまうのです。これもちょっとした生活の工夫がとても大切です。

食欲が異常に増えると、食事をあげたばかりなのにごはんがほしいと吠えたり、食器をガタガタ鳴らしたりひっくり返したりと、まるで食べたことを忘れてしまったかのようにふるまいます。しかし肥満は万病のもとですので、ほしいと要求するままに与えてしまってはいけません。まずは吠えてももらえないとあきらめるまでひたすら無視をしてください。それでもあきらめない日がつづくようであれば、同じ量でも一グラムあたりのエネルギー量の低い、繊維の多い食事にきりかえてみてください。同じカロリーでも今までよりたくさん食べることができますので、さすがに満足するはずです。

遠吠えをするのは、多くは夜中から明け方にかけてです。これは生活のリズムが逆転していることも関連しているようです。この場合も昼夜逆転の場合と同様、近所迷惑になるからと気をまぎらわすために飼い主さんもいっしょに起きていなければならず、心身ともにつかれはててしまうケースが多いようです。あまりにひどい場合は、軽い鎮静剤や睡眠薬を犬に飲ませて、夜に眠らせるようにするのがよいでしょう。

名前を呼ばれても反応しなくなってしまうのは、じっさいのところ耳が聞こえにくくなったためなのか、それとも本当に自分の名前がわからなくなってしまったのか、はっきりしたことはわかっていません。犬の高齢性認知機能不全に関してはまだまだ研究途中なので、これからもっといろいろなことが解明されてくるでしょう。

妹が来て、
活動的になったサリーちゃん

ヨークシャ・テリアのサリーちゃんは10才。寝ていることが多く、動くことが少なくなってきていました。そんなサリーちゃんのもとに、まだ2ヶ月で遊びざかりの元気な子犬のアトムちゃんがやってきました。

ママはアトムちゃんにしっかりとしつけをしようと、いろいろなことを教えはじめました。すると、今まで寝てばかりだったサリーちゃんもほめてもらおうといっしょになってやるようになり、動くことが多くなりました。

老齢になったときにもう一頭飼うと、このようによい効果をもたらすこともあります。もちろんストレスがかかりすぎてしまうこともありますから、その子の性格を考えて犬種や大きさを考慮する必要がありますし、子犬はなにもわからず先住犬にむかっていきますので、先住犬が落ち着けるような環境をつくってあげることが大切です。

COLUMN3 ペット探偵に聞く、老犬の迷子事情

老犬が失踪して迷子になってしまう原因の一つとして、雷や花火などの大きな音におどろいて、自分でもわからないうちにおもてに飛びだして、気がついたら迷子になってしまった、というケースがあります。

年をとってくると、犬も白内障になったり耳が遠くなったりして全身が過敏になってくるので、雷や花火のような大音響に対してものすごく反応してしまうことがあります。若いころはまったくなんでもなかったのに、年をとって急にこうなってしまう子って、けっこう多いんですよ。それと、多少痴呆が入ってくると、ふらふらと家をでて徘徊するようになってしまうこともありますね。

飼い主さんとしては、「これまでそんなに逃げてしまうこともなかったし、もういい年だからそんなに遠くにいったりもしないだろう」と、ついつい若いころの習性を基準に考えてしまいがちだと思いますが、体力的におとろえていれば消耗がはげしいし、耳も鼻もにぶくなっているから車の事故の可能性も高くなる。犬も逃げたくて逃げているわけではないですから、年をとってきたら、若いころとはちがった気づかいをしてあげることが大切だと思います。

それに、若い犬と老犬では移動の仕方がちょっとちがいます。若い犬はいろいろなものに興

味しんしんですから、あちこち移動して動き方が自然とジグザグになりますが、老犬だと直線的に移動していきます。老犬捜索の際は、これが重要なポイントになります。地図上を「面で探す」というよりは、「線で探す」ということになるわけですね。

また、ふつうは「たぶん散歩のコースをふらふらしているんだろう」と考えてしまうところですが、それもほとんどあてにはならない。もちろん、散歩コースもチェックするべきですが、散歩コース以外の場所で、その子が移動しそうなコースを推測して捜索しなくてはなりません。情報を集めるためにつくるポスターやチラシには、老齢であることや目や耳が悪くなっているということを必ず明記するようにします。

老犬にかぎったことではありませんが、迷子札をつけてあげるようにすれば、たとえ迷子になっても八、九割はもどってきます。見つけた方が連絡をくださいますし、保健所などに保護されれば確実に連絡がくるはずです。飼い主さんの名前と電話番号、それにペットの名前を書き入れておくだけでいいんです。そなえあれば憂いなし、ですね。

ペットレスキュー
TEL　0120・73・1020
http://www.rescue-pet.com

第5章 若いころから習慣づけたい老犬のためのケア

毎日のこまやかな心がけで寿命はのびる!

全身チェックと体のお手入れ

マッサージをしながら全身にふれるようにしよう

体を動かすことが少なくなった老齢犬にマッサージをしてあげることは、精神的にも肉体的にもとても効果的です。一日に一度、マッサージをしながら全身をさわることを習慣にしましょう。とくに老齢になるとしこりができやすくなりますので、全身のチェックはとても重要です。飼い主さんがいつも体をさわっていたために、毛の中にまぎれていて獣医師でもなかなか見つけにくいような小さいしこりを、早期に見つけることができたというケースもあります。

マッサージは、散歩や食事が終わったあと、精神的にも肉体的にも満たされて落ち着いてリラックスしているときに行ないます。散歩前や帰宅後の興奮しているときにやろうとしても、なかなかおとなしくしてくれないことが多いと思います。また、おとなしくしないことをしかられたりすると、さわられることじたいもきらうようになってしまいます。

マッサージをする

小型犬の場合には、机やいす、洗面台など少し高いところにのせて行ないます。高いところにのせると、少し不安な気持ちになるため多少動きがにぶくなります。

中・大型犬の場合は、リードをつけてあまり動きがとれない長さにして、玄関のドアチェーンや部屋のドアノブなどにつないでおきます。いつも使っているケージなどに板をおいて、台のかわりにしてもいいでしょう。

マッサージは、まず首輪に指をかけて動きまわれないようにしたところで、犬の好むところからマッサージしていきます。犬の多くは耳のつけ根、胸前、おなかなどをさわられると喜ぶはずです。手はゆっくりと動かします。

犬がリラックスしてきたら、少しずつ全身に移っていきます。肩や背中から後方にむかい、おしりや外陰部のチェックをしながら尾に進んでいきます。尾はつけ根から先にむかって、親指と人さし指の二本の指ではさむようにしてマッサージします。次に、肩から指先にむかって前肢をマッサージしながら、爪のチェック、足の裏をチェックします。後肢も同様に行ないます。そして次に、耳をつけ根から先にむかいマッサージし、耳の中のよごれもチェックします。口のまわり（上唇）もゆっくりとマッサージしながら、口の中、口臭や歯のよごれを見ます。そして目を見て、目ヤニや涙ヤケのチェックをします。最後に前肢をもちあげてバンザイの姿勢にさせ、わきの下、胸からおなかをチェックしておしまいにします。若いときに比べて皮膚が弱くなっているので、やさしくゆっくり、ていねいにを心がけましょう。

マッサージはできるだけ短時間で、犬があきてしまう前に終わらせるようにします。

マッサージをするときの注意

しずかにおとなしくさわられているあいだは、「おりこうだね」「気持ちいいね」「がんばろうね」と声をたくさんかけ、ほめてあげましょう。「これがいいことなのだよ」ということをきちんとつたえます。

もしいやがって動こうとしても、絶対にしかったりしないで、首輪だけしっかりともったまま、しばらく無視をして落ち着くのを待ってください。そして落ち着いたらしきりな

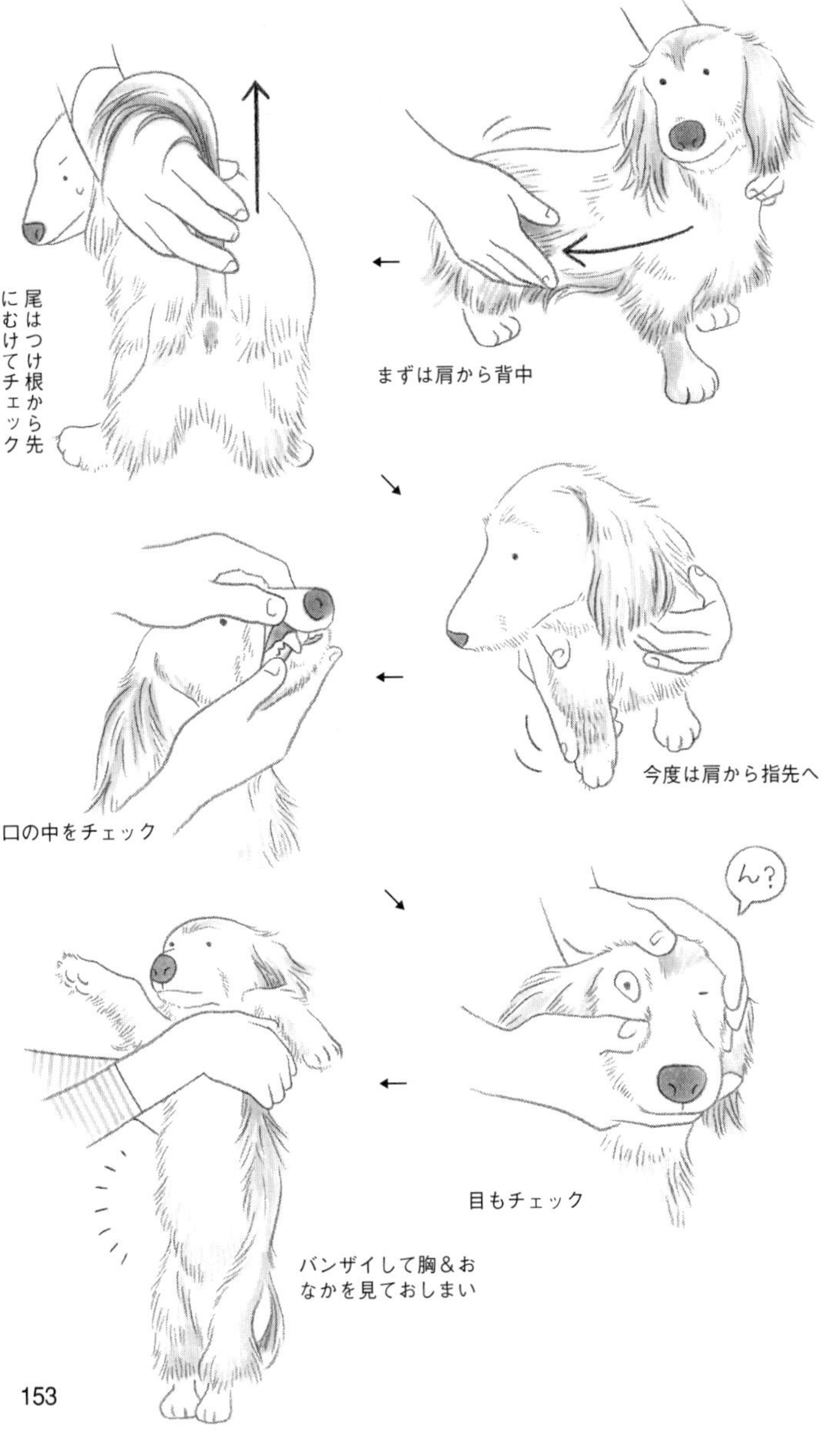
まずは肩から背中
尾はつけ根から先にむけてチェック
今度は肩から指先へ
口の中をチェック
目もチェック
ん？
バンザイして胸＆おなかを見ておしまい

おして、冷静にさわりはじめてください。興奮してあばれているときにしかると、逆にもっと興奮して攻撃的になってきます。

しかし、いやがってあばれたからといって、途中でやめるのもいけません。「あばれればやめてもらえる」と学習してしまいます。必ず冷静になるまで待って、さわっても大丈夫なところを少しだけさわっておしまいにしましょう。

さわるのをいやがる、さわると攻撃的になる場合

さわられるのがにがてなところがある場合や落ち着いてさわるのがむずかしい場合には、もう一人だれかにてつだってもらって、二人で行ないましょう。一人がごほうび（犬用のクッキーなど少し大きめでかたいもの）を食べさせて気をまぎらわせながら、もう一人がさわるようにします。

攻撃的になる場合は、手術のあとに傷に口が届かないようにするためのエリザベスカラーやマズル（口輪）を用意します。エリザベスカラーはペットショップではあまり売っていないので、獣医さんにゆずってもらいます。これを使えば絶対に咬まれることはありませんので、自信をもって楽にやることができます。

カラーやマズルに慣れるまでは、短ければ三日、長ければ二週間以上かかる犬もいます。カラーやマズルをいやがらないよう、ごほうびをうまく使いながら慣れる練習をしましょう。

慣れてきたら、床にごほうびをおいて犬が食べているあいだにカラーを首にとりつけます。最初は首にまわす程度にし、きちんととめずにすぐにとりはずします。カラーをつけているときはたっぷりとほめて、はずしたら声をかけないようにします。マズルの場合も同じように床にごほうびをおいて、そのうえにマズルをひらいてもち、自分で鼻をマズルに入れないとごほうびを食べられないようにします。あくまでも自分で鼻をいれて食べるまで練習をします。

次に、カラーの場合は、ごほうびを食べているあいだに金具やマジックテープをとめ、そのままごほうびを少しずつ数回あげて、はずすようにします。マズルの場合は、鼻をいれてごほうびを食べているあいだに首のうしろをとめるようにし、とめた状態でごほうびを数回あげて、はずすようにします。

こうしてカラーやマズルをつけることに慣れたら、前に述べたのと同じ手順でさわる練習をはじめます。「あばれてもやめてもらえない」ということを犬が理解してあきらめるまでがんばりましょう。攻撃的になっても思い通りにならないとわかってくると、がまんするようになってくるはずです。

薬の飲ませ方

老齢になると、薬を飲ませなければならない機会は確実に増えます。薬をうまく飲ませられないと、犬にとっても飼い主にとっても大きなストレスになってしまいます。

比較的かんたんに与えられる方法を紹介しましょう。

食事といっしょに与える場合

全体にまぜこんでしまうと、薬の味が食事全部にいきわたって食べなくなってしまったり、食事を残した場合には必要とする薬の量が体に入らなかったりする可能性があります。

ここでは、食事全体に薬をまぜるのではない方法を紹介しましょう。

まず、食事をひと口分（例：生タイプのドッグフードをひと口大のだんご状にしたもの）食器にいれて食べさせます。ふつうは、おなかがすいているとなにも考えずあっというまに食べてしまうはずです。そうして待たせた状態にしたところで、次に薬をうめこんだひと口分の食事を与えます（一六八ページ図・上）。こうすることによって、おなかがすいている犬はより確実に薬の入ったふた口目を食べるようになります。薬の入ったふた口目を全部食べたことを確認したら、残りの食事をあげてください。

ドライフードのみを与えている場合は、フードを少しお湯でふやかしやわらかくして、その中に薬をうめこみます。ふやかすとにおいがよくなるので、食いつきがよくなるはずです。

どうしても自分から食べない場合

どうしてもうまく飲ませられない場合、強制的に口の中におしこむ方法もあります。コツをつかむまではむずかしいかもしれませんし、犬がいやな思いをしてしまってそのあと薬を見ると逃げるということにもなりかねませんので、できるだけこの方法は避けていただきたいところなのですが……。

まず上あごをもって口を大きくあけます。そして薬を口の中の奥、舌の上におしこんだら口をとじ、のどをさすったり鼻もとに息を吹きかけたり、口の横からスポイトなど

生タイプのドッグフードに薬をうめこむ。

粉薬の場合は、マヨネーズやジャムなどに練りこんで頬の横から口はあけないようにして上唇にぬりこむ。

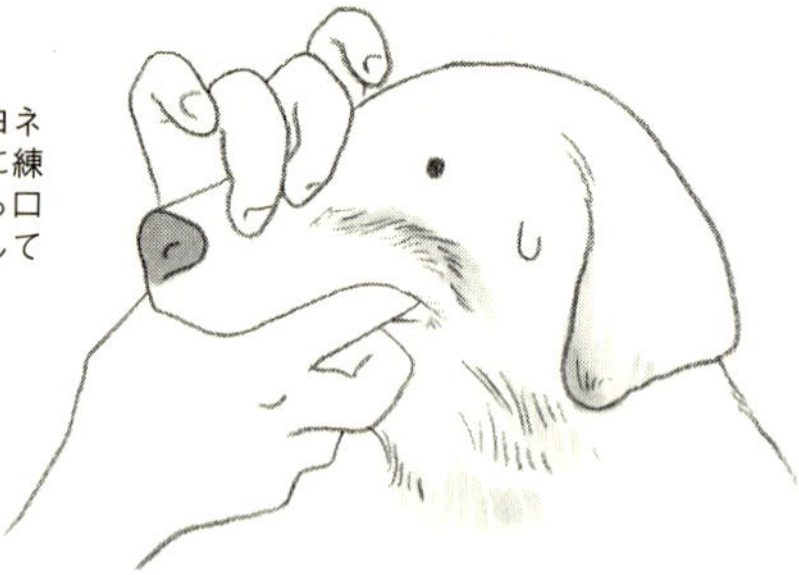

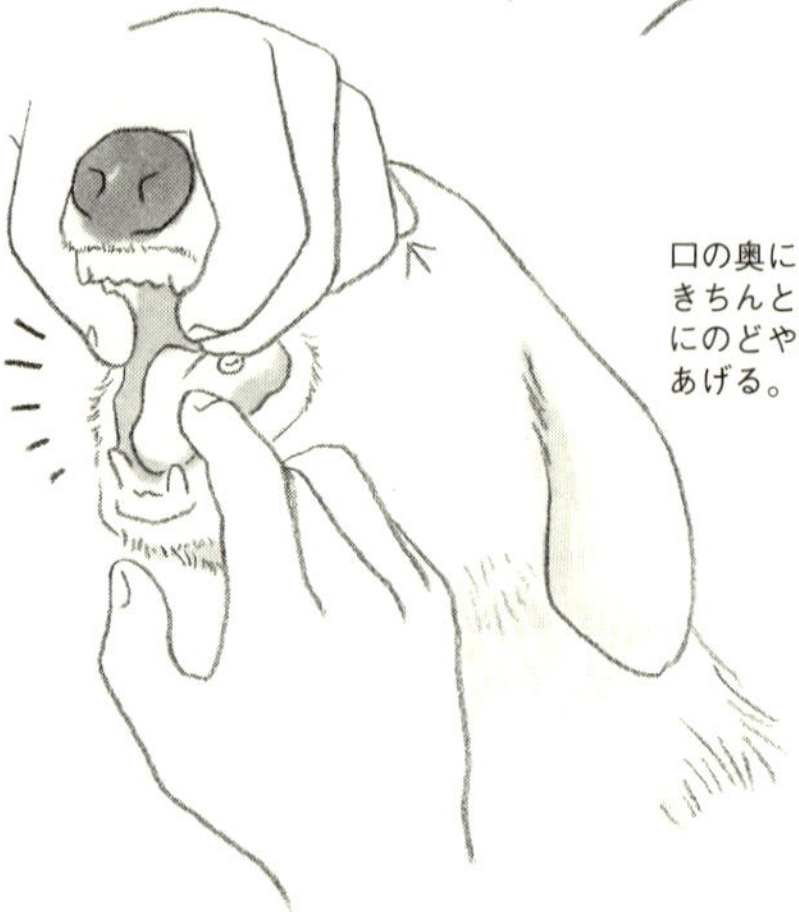

口の奥におしこんだら、きちんと飲みこむようにのどや鼻をさすってあげる。

で水を飲ませます。そしてゴクッと飲みこんだのを確認してから手を放します。こうして飲みこめたらたくさんほめてあげましょう。最後に大好きなものをごほうびとしてあげてもよいでしょう。

どの方法を試してもうまく飲ませられない場合には、最終的には獣医さんに相談してみましょう。うまく薬が体に入る方法を提案してくれるはずです。

点眼のやり方

老齢になると、白内障やドライアイなど目の病気も多くなるうえ、点眼をつづけないと失明してしまうようなこわい病気になる可能性もあります。こんなときに点眼ができないととてもこまります。点眼もまた、若いうちから慣らしておくことが大切です。

まずは顔、とくに目の付近に手を近づけても大丈夫なように慣らしておきましょう。手で顔をたたくような体罰をしていると、手を顔の前に近づけるだけで逃げてしまったり攻撃的になってしまうこともあります。点眼の練習をする前にもっと多くの段階をふむ必要がでてきてしまうので、十分気をつけましょう。

点眼の方法

はじめは二人でやるのが理想的です。一人が大好きなごほうび（大きめでかたいもの）をもって犬の正面に立ちます。そしてごほうびをあげながらおおげさに「おりこうさんだね、いい子だね、がんばろうね」とはげまして気をそらします。犬がごほうびとその人に集中しているあいだに、もう一人がすばやく点眼を行ないます。

まず軽く手でマズル（鼻先）の上に手をおき、やや上向きで顔が動かないようにします。このとき、ギュッとマズルをつかむとなにかをされると思って犬が緊張してしまい、大あばれしてしまいます。動かない程度に軽くもっているくらいがよいでしょう。

そして反対の手で点眼液をもち、視界に入らないように頭のうしろから手をまわして点眼をします。点眼液の容器の先が目に入らないように気をつけてください。このとき、上まぶたをひろげられるとつけやすいかもしれません。

また、絶対に真正面から点眼液をもっていかないでください。真正面からもっていくと、なにかが目に近づくというのが犬にわかってしまってとてもこわがります。犬によっては攻撃的になることもあります。終わったらおおげさにたっぷりとほめて、ごほうびをあげ

二人でやるときは
一人がごほうびで
はげましながら、
もう一人が点眼を。

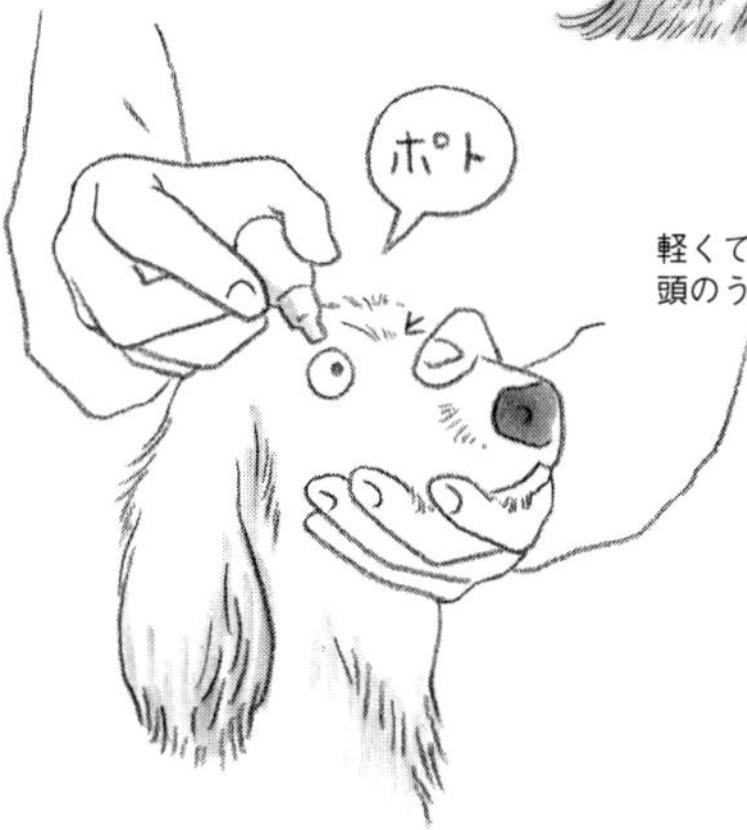

軽くて手で鼻先をつかんで、
頭のうしろからすばやく。

真正面からの点眼は禁物。

てください。

点眼しようとすると攻撃的になる場合は、前に紹介したエリザベスカラーかマズルをつけてやってみましょう。

老後にそなえて工夫しておきたいこと

生活の中でのちょっとした工夫

老犬になると視力や筋力がおとろえたり関節炎になったりと、若いころのようには体が動かなくなってきます。

たとえば玄関の段差や部屋と廊下とのあいだの段差。健康な人なら「なぜこんなところでつまずくの？」「なぜこんなところをうまくまたげないの？」と思うようなところが、体が不自由になってきた犬にとっては大きな障害になってしまうのです。

家の中には、健康な人や若いころには気づかない危険がたくさんあります。人間の場合もそうでしょう。体が不自由になった愛犬のために、ふだんの生活の中でちょっとした工夫をして、できるだけ安全にすごせる環境をととのえてあげましょう。

階段にはベビーゲートをとりつける

階段はとても危険な障害物です。二階以上の家屋の場合には、階段から降りようとしてつまずいて落下してしまったり、昇ったはいいが降りられず、右往左往して不安な気持ちにさせることになりかねません。

このようなときに役立つのがベビーゲートです。これは赤ちゃん用のフェンスで、行ってほしくない場所を仕切るために使いますが、最近はペットショップやペット用通販カタログを通して入手することができます。柵のような形のもの、ドアのように開閉自在のもの、幅が調節できるものなどいろいろな種類があります。自分の犬の大きさや運動能力（飛びこえたり、よじ昇ったり）を考えて選びましょう。

階段以外にも入ってほしくない場所、たとえば台所、和室、寝室などにも仕切りとして使うことができます。包丁やキッチンばさみのような刃物類、グラグラと煮立っている鍋や揚げ物をしている高温の油など、台所は危険がいっぱいです。また犬が食べてはこまるもの、たとえばネギ、玉ネギ、にんにく、しょうが、チョコレート、濃い味のついたものなどを食べてしまうかもしれません。若いときには入ってはいけないとわかっていて入らなかったとしても、老齢になって区別がつきにくくなったために入っていってしまう可能性もあります。

高い段差にはふみ台を用意する

老齢になると、筋肉のおとろえや関節炎などのために、高い所への昇り降りが困難になる場合があります。

たとえばベッドやソファーの昇り降り、車の乗り降りなど、段差のあるところにはふみ台を用意してあげましょう。ふみ台を使って階段状にしてあげるだけで、楽に昇れるようになります。ふみ台となるものとしては、子供用の小さないす、お風呂用のいす、あるいは適当な大きさの段ボール箱を利用するのもよいでしょう。すべりにくいようにゴムのマットを敷いてもいいかもしれません。愛犬のための工作も、きっと楽しい思い出になります。いろいろ工夫してみてはどうでしょう。

ソファやベッドなどにはふみ台を
用意。階段状にしてあげるだけで
とてもラクになります。

大型犬にはこんな工夫も。年をとると
車に飛び乗るのもむずかしくなります。

段差を減らす

ちょっとした段差、たとえば部屋と廊下との境、犬小屋（ケージやクレート）の入り口などでさえ、つまずいてしまったり乗りこえることができなかったりするものです。私の知人の犬は、地面と犬小屋のわずか十数センチ程度の段差を昇ることができず、中に入れなくなって小屋の前で右往左往していたそうです。

板を活用して、なめらかな坂をつくってあげましょう。屋外ならば、駐車場の入り口に置く段差プレートなどを利用してもよいでしょう。板を利用するのであれば、すべりどめのマットを敷くようにします。

すべりにくい床にする

筋肉がおとろえたり関節炎で痛みがあると、足腰に力が入りにくくなりますので、すべる床はとても危険です。症状が進んだ犬の場合には、立たせようとしてもすべってしまって力が入らず、四肢がひらいて地べたにはうようなかっこうになってしまったりします。

フローリングの床にはうす手のカーペットやゴムマットを敷くとよいでしょう。一枚四十センチ四方の大きさでできているタイルカーペットやパネルカーペットならば、好きなところに好きなだけならべて敷くことができ、よごれた部分だけをとりだして洗うこともできるのでとても便利です。

毛足の長いじゅうたんは避ける

毛足の長いじゅうたんは爪がひっかかってころんでしまったり、爪が折れてしまったりする危険性があります。爪が折れると出血がなかなかとまらずとても痛い思いをしてしまいます。できるだけ爪は短く切っておくように心がけ、爪のひっかかりにくいものを選びましょう。

寝床にタオルを敷くのはやめる

タオルは一見使いやすそうに思えますが、とてもすべりやすいうえ爪がひっかかってころぶ原因になりますので、あまりおすすめできません。厚手の玄関マットやキッチンマット、あるいはバスマットなどで裏にすべりどめのついているものがよいでしょう。

サークルを上手に利用する

老齢になると、無意味にうろうろ歩きまわったり、前にむかってどんどん歩きつづけたりするようになることもあります。その結果、部屋のすみに入りこんで動けなくなったり、延々と歩きつづけて消耗しきってしまったり、イライラして吠えつづけたりします。

このように一時でも目を離すと危険な状態になってしまうと、飼い主はいつでも犬の状態を監視していなければならず、介護のつかれで犬への愛情がうすれてしまうこともあるほどです。

こんなときにはサークルをうまく利用しましょう。留守中や目を離すときにはサークルにいれて安全を確保してあげるのです。サークルにとじこめるのではなく、安全な場所にいれてあげると考えましょう。歩きまわってサークルにぶつかる場合には、内側をお風呂マットでおおいます。小型犬の場合は丸い子供用のプールがよいでしょう。ぶつかってもフワッとしているので、どこかぶつけてけがをしたりするのを防ぐことができます。大きさの目安は、ゆったりと手足をのばして寝ることができ、なおかつ体のむきを変えられるくらいで十分です。

犬用の部屋をつくる

前述したように、無意味にうろうろ歩きまわったりどんどん歩きつづけると、小さなところに入りこんででられなくなってしまったり、家具のかどに頭や目をぶつけてしまうことがあります。私の友人が飼っていたシェルティーは、家族の留守中に目をぶつけてしまって目の奥から出血してしまい、点眼処置な

テレビのうしろに入りこんでしまう子はけっこう多い。

どできるかぎりのことはしたのですが、看病のかいなく失明してしまいました。さらに悪いことに、その後とても気をつけていたのにもかかわらず、この犬は反対の目も同様に失明してしまったのです。

家具の配置などに注意しても危険を防ぐことがむずかしいようであれば、犬専用の部屋を一つつくることをおすすめします。犬の手（足）のとどくところにはいっさいものをおかないようにし、口にいれたらこまるもの、たとえば小さいもの、人の食べ物、有毒な観葉植物などはかたづけてしまいます。またどこで粗相をするかわかりませんので、大切なものやよごされたくないものもすべておかないようにします。

居間を犬用の部屋にするのであれば、テーブル、テレビ、ステレオなどの家具のかどやとがっているものには包装用のクッションやお風呂マットでガードし、ぶつかっても大丈夫なようにしておきます。

また、犬の体がすっぽりと入りこんでしまいそうなスペースはつくらないようにするか、あるいは段ボールやお風呂マットを手前において入りこまないようにブロックします。犬が入りこみやすい場所としては、机やいすの下、テレビやソファーの裏などが考えられます。「なぜこんなところに入るの？」と首をかしげたくなるような場所ばかりですが、机の下にはいすをきちんとしまう、ソファーは壁につけるなど、かんたんな作業一つでずいぶん予防できるものです。

寝床はふかふかにする

老齢になると、寝ている時間が多くなります。一日のほとんどを寝ているといってもいいすぎではないほどです。そうすると、長時間体の同じ部分に体重がかかってしまうことに加えて、筋肉がうすくなっているため床ずれができやすくなります。

とくに大型犬は体重が重いので、床ずれができるのもとても早いのです。床ずれは一度できると、なかなか治りません。床ずれができやすい部分としては、頬骨、肩のつけ根、うしろ足のつけ根などの骨がでていて横になったときに床につく部分です。

寝床にはお風呂マットや登山用のマットなどを敷き、できるだけふかふかでぶ厚い状態にしてあげましょう。とくに、床ずれのできやすい場所を厚めにしてあげましょう。敷くものを厚くすると体重が分散されるので、一ヶ所に体重がかからなくなるのです。また粗相をする可能性が高いので、かんたんに洗えるものがよいかもしれません。

もし寝たきりになってしまった場合には、数時間おきに体位を変えてあげて、同じ場所に長時間力がかからないようにしなければなりません。

室内の温度調節に注意する

犬は寒いときは毛をふくらませて、毛のあいだに空気をためこんで寒さをしのぐことができます。寒くなってくると、自分で下毛（アンダーコート）と呼ばれるふわふわの毛を増やして、寒さに耐えられるよう体温を調節をすることができるのです。

しかし、小さいころから冬でも暖房のきいたあたたかい部屋ですごし、外にでるときにはあたたかい洋服を着ていると、寒さに対してとても弱くなってしまいます。また、犬は暑いときの体温調節は口のみで、人間のように皮膚呼吸をして汗をかくことはありませんから、寒さより暑さのほうが苦手なのです。

老齢になってくると体温の調節機能もおとろえてきて、寒さや暑さに弱くなります。冬は暖房の温度をあげすぎないように気をつけ、家全体を同じ温度にせずにややすずしい場所もつくっておいて、暑ければ自由にそちらに移動することができるようにします。ホットカーペットや床暖房を使う場合には、温度設定に注意してください。熱くしすぎると低温やけどの原因になってしまいます。ホットカーペットを使う場合には、できれば部屋全体に敷きつめずに部屋の半分のみあたため、半分は消しておきます。そうすれば、暑ければすずしいほうに移動するはずです。最近は、犬用のホットカーペットも販売されていますが、使う場合にはケージ全体に敷きつめるのではなく、半分はホットカーペットで半分はなにも敷かない場所をつくるようにしましょう。

また人間用の使い捨てカイロなどは低温やけどの原因になりますので、ペットの体に直接あてることはしないでください。使う場合はタオルで何重にも巻いて、直接あたることがないように気をつけましょう。

前述したように、犬は夏の暑さのほうがにがてです。しめきった部屋や風通しの悪い部屋はとても危険です。よほどすずしい場所でないかぎり、昼間はエアコンをつけておくようにし、適温を保つよう注意しましょう。ただし、心臓が悪い犬の場合には熱さが大きな負担になってしまうので、少し低い温度に設定することをおすすめします。

ひっこしや部屋の模様替えをする場合

ほとんど目が見えなくなっていても、犬は今までの記憶をたよりにおおよその場所をおぼえています。ですからたとえ目が不自由になっても、家の中にいれば目が見えないとは思えないほどふつうに生活をすることができ、とくにこまることもないようです。

しかし、見知らぬ場所に行ったりすると必要以上にこわがることがありますし、新しい環境に慣れるまでにたいへん時間がかかることもあります。できることなら、やむをえない場合をのぞいてはひっこしなど新しい環境に変わること、部屋の模様替えや、新しく大きな家具を加えることも避けたほうがいいでしょう。ぶつかったりつまずいたりして、けがのもとにもなりかねません。

どうしてもひっこしをしなければならない場合は、まず犬が落ち着ける場所を確保してあげましょう。ひっこしの前後にかけては、多くの人の出入りがあったり、大きな音がしたりと、不安な状態であることが多いものです。行きつけのペットホテルや動物病院、あるいは知人のお宅などに、数日落ち着くまであずけておいたほうがいいかもしれません。車の中での留守番に慣れているなら、人の出入りのある時間だけでも車の中で休ませたほうがいいでしょう。

また、新しい家に慣れるまでは、トイレに関しては、小さいころと同じように数時間ごとにつれていくようにして、できたらたくさんほめるというのをためしてみましょう。留守番に関しては、慣れるまではケージやサークルにいれてでかけたほうがいいかもしれません。サークルには気持ちのよいふかふかのベッドをおいて、落ち着いて寝られるようにしてあげましょう。

「ケージにとじこめるのはかわいそう」と思うかもしれませんが、慣れてしまえば落ち着いて寝られるようになり、むしろ眠いときには自分から入って中で寝るようにすらなります。そうなるとケージは犬にとっての「落ち着いて寝られる移動式のマイルーム」になりますから、どこに行ってもケージの中では安心して寝られるようになるのです。

第6章 老いていく愛犬と暮らす心得

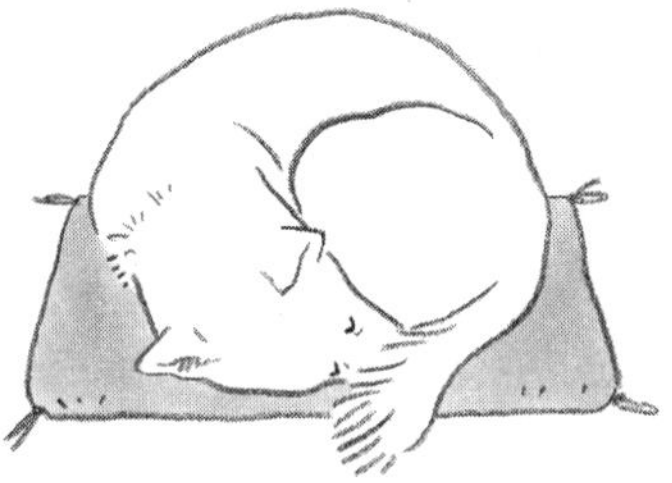

飼い主も犬も明るく楽しく

もしも愛犬が「寝たきり」になったら

清潔で心地よい寝床を用意

老犬になれば、24時間つきっきりで介護しなければならない「寝たきり」状態になる可能性も否めません。万が一に備えて、介護に関する知識を身につけておきましょう。

まず、何と言っても大切なのが寝床。クッション性に富んだ、厚みのあるベッドがおすすめです。最近では、人の介護に使用される体圧分散効果の高い素材を用いた、犬用のマットも販売されています。体圧分散効果が高いと、床ずれしにくくなるだけでなく、体の沈み込みを抑えて寝返りがしやすくなります。

また、感染症などを予防するためにも、寝床はできるだけ清潔に保つ必要があります。ベッドの上にペットシーツや防水シートを敷いて、汚してしまった場合はすぐに取り替えるようにしましょう。

寝たきりになれば、当然のことながら体温調節機能も低下します。エアコンの温度や日当りなどに注意し、飼い主さんを身近に感じられる、快適な場所に寝床を確保してあげたいものです。

床ずれを防止する

床ずれは、長時間同じ姿勢で寝ていることによって起こる外傷です。体重が集中する部分の皮膚組織が圧迫されて血流が悪くなり、皮膚やその下の組織が壊死してしまうのです。表面の皮膚が変色しているだけに見えても、組織の深い部分にダメージが与えられて急速に悪化するケースも多く、一度かかると治りにくいやっかいな症状といえます。

床ずれは骨が突出した部分、犬の場合は頬、肩、腰、足首、かかとなどに多く発生します。はじめに毛が薄くなり、やがて皮膚が赤や紫色に変色して炎症を起こすこともあります。

加齢によって弾力性を失った皮膚は、若い皮膚に比べて床ずれを起こしやすいのですが、早期発見と適切な予防ができれば、深刻な事態を避けることができます。前述した体圧分散効果のあるマットを利用したり、床ずれができそうな部位にドーナツ型のクッションを当てるなど、予防対策をいち早くとることが重要です。

寝返りの打たせ方

床ずれを防ぐには、2~3時間おきくらいに寝返りを打たせてあげる必要があります。体位を変えることで、圧迫されていた皮膚の負担を軽くするのです。

小型犬の場合は、抱っこして体位を変えればよいので姿勢を変えるのは容易ですが、体重の大きい中~大型犬の場合は、寝たまま寝返りを打たせなくてはなりません。力任せに転がせば背骨によけいな負担をかけかねないため、姿勢を変える際はちょっとした注意が必要です。

おすすめは、細く折り畳んだバスタオルを用意し、犬の背中が支点となる位置にタオルをあてがって、犬の両前脚、両後ろ脚をもって体を回転させる方法です。こうすれば背骨に負担をかけることなく、安定して寝返りを打たせることができるはずです。

前にも述べましたが、床ずれは早期発見が大切です。寝返りで姿勢を変える際は、床ずれができそうな箇所を忘れずにチェックするようにしましょう。

食べ物や水を与えるときの注意

噛む力や消化吸収力が衰えている場合は、流動食を与えることもあります。水分を多く含む流動食は、食事と同時に水分補給もできるので一石二鳥です。

流動食は、ペースト状にした食事を注射器型の給餌道具、あるいはドレッシングの容器などに入れて口の横から差し込み、こぼれないようゆっくり流し込んで与えます。

このとき注意していただきたいのは、流動食の与え方です。飼い主さんが正座をするようなかたちで犬の前脚を両足に挟んで支え、フセあるいは抱っこしたまま、頭の位置を高くした状態で食事を与えます。低いままで食べさせると食べ物が喉につまる怖れがありますので注意して下さい。

食が細くなっている場合は、通常のシニアフードよりも栄養価の高い食事を与えるほうがよいと思いますが、主治医と相談をして、愛犬の健康状態に適した流動食を用意してあげましょう。

寝たきりになると、水を飲む機会が少なくなりがちです。朝目ざめたときや食後、お昼寝のあとなど、規則正しくこまめに水を与えるようにしてあげましょう。

水を与えるときは、顔の下にタオルなどを敷いて、流動食同様に口の横から差し込んで、むせないようゆっくりと飲ませます。

オムツとペットシーツで排泄ケア

トイレを増やしたり、設置場所を工夫したりしても粗相をしてしまうなら、オムツを使うという手も考えられます。ただしオムツを使う場合は、愛犬にストレスを与えないよう、使い方や衛生面に十分配慮してください。

オムツをつける際は、肛門のまわりや内股の毛を短くカットし、排泄物などがついても容易に落せるようにしておきます。サイズを選ぶときは、おなかと太ももの付け根にぴったりとフィットするかどうかを目安にしましょう。ももの筋肉が落ちてうまくフィットしないなら、オムツカバーを利用してもよいかもしれません。

寝たきりでほとんど動けない場合は、オムツよりペットシーツがおすすめです。シーツはオムツに比べ、排泄物がこびりつく心配も少なくてすみます。下半身の下にシーツを敷いて、陰部や肛門が汚れたらペット用のウェットティッシュなどですぐに拭き取るようにしましょう。

大きな愛犬を抱き上げるときのコツ

中～大型犬の場合、寝たきりの愛犬を抱き上げて移動させるのは一苦労です。そこで腰を痛めない抱っこのコツをお伝えします。

腰を落とした姿勢で、犬の背中側から首とお尻の下に手を差し入れ、体全体で犬の体を支えるようにして抱き上げます。腰を落とさずに腕の力だけで抱っこしてしようとすると、腰に負担がかかり腰を痛めてしまうこともあります。腰を痛めないようにするには、腕だけでなく、全身で抱っこをするよう注意しましょう。

COLUMN4

老犬をサポートする介護グッズ

年をとって寝返りしにくくなった、足元がふらついてきた……愛犬にそんな状態が見られたら、安全かつ快適に過ごせるよう、日々の生活のなかで配慮や工夫をしてあげたいもの。飼い主さんと愛犬の老犬生活をサポートする、便利な介護グッズの一例をご紹介します。

写真提供：PEPPY　0120・838・780　http://www.peppynet.com

アシスタントバンド ハニカムタイプ

自立できなくなった愛犬の寝返りや移動、排泄をサポートする装具。通気性に優れ、適度な弾力で体圧を分散するハニカム素材を用いているためクッション性が高く床ずれ防止に役立つ。弱った肌にやさしく、吸水性・速乾性のある生地を使用。前脚を通して背中をファスナーで閉めるだけで簡単に装着することができる。持ち手1ヵ所タイプ（写真）と2ヵ所タイプがある。

フィーヌエアーマット

医療や人用介護にも使われる体圧分散効果の高い素材を使用。特殊技術で固めの糸をからめたヘチマ構造でしっかりとした柔らかさを実現。耐久性があり、体が沈み込まないので寝返りが打ちやすい。水で丸洗いすることができ、軽くて持ち運びも楽。カバーにはシャリ感のある生地を使用しているため、愛犬が滑りにくい質感になっている。

愛犬の老いと、どのようにつきあっていくか

愛犬の老化を受けいれる

犬は人間よりも生命速度が速く、飼い主さんよりも早く年をとってしまいます。このことは、どの飼い主さんも当然ご存知のことと思います。

しかし多くの飼い主さんにとって、「愛犬が老いていく」ということを受けいれることはとてもむずかしいことだといえるようです。頭の中では「もういい年だな」と理解していても、じっさいに体の機能がおとろえて、寿命に近づいているということを毎日の生活の中で理解するのは、じつはかんたんなことではないのです。

「先生、少し太らせたいんですけど」

というような相談を受けることがあります。年をとるにつれて筋肉量が減少するため、若

いころとくらべると貧弱な体型になってしまったり、おなかだけが大きく目立つ、独特の体型になってしまう犬もいます。飼い主さんの「カッコいい姿をとりもどしたい」と願う気持ちもわからなくはありません。ですが、これは栄養が足りなくてやせているのではなく、老化現象として体が変化しているのですから、現状を受けいれるべきなのです。

「若いころにはたくさん食べていたのに、ここのところ食べなくなって……」

という相談もよく受けます。多くの飼い主さんは病気を心配しているのですが、食べる量が減っても体重が大きく変わらないときには、老化によって代謝も落ちているわけですから心配はいりません。かえってむり強いをして食べさせようとすると、犬に大きなストレスをかけることにもなります。

「ドッグフードに表示してある量を食べてくれないんですが」

ということを心配している飼い主さんもいらっしゃいます。人間も同じですが、犬にも個体差があり、老化の速度もまちまちなのです。基準量はあくまでも参考にとどめておいて、じっさいに愛犬が元気に楽しく生活しているのであれば、それでいいのです。

若いころとくらべたり、他の犬とくらべたりするのは、パートナーに対して失礼というものです。これもまた、老化を受けいれることの一つなのです。

もう「七才」、まだ「七才」

「年をとったな」と、愛犬の老化が目に見えて感じられるときがあります。歩く様子や顔の白髪、体つきの変化などから、飼い主さんは愛犬の老化を感じとるようですが、平均すると七才くらいのことが多いようです。

犬の七才は人間の四十四才くらいにあたります。内臓や骨格など、目に見えない部分にも異常が起こりはじめているのかもしれません。人間でも、この年代になるとホームドクターの存在が重要になるように、愛犬のために獣医師とよい関係をきずいておくべきでしょう。

しかし、街をゆく四十四才の女性に対して、「おばあちゃん」と声をかけたらどうなるでしょう。こんな失礼なことはありません。きっと犬も同じ気持ちだと思います。たしかに、犬も七才になると、体にはさまざまな変化がおこってはいるのですが、それは老犬の入り口にさしかかっただけなのです。まだまだ人生（犬生？）の折り返し点をまわったくらいかもしれませんし、ひょっとしたら、折り返し点にも達していない可能性もあるのです。

また、同じ年であっても、老化の進み具合にはかなりの個体差が見られます。同じ一〇才であったとしても、体にまったく問題のない犬もいれば、残念なことに老齢病をいくつもかかえている犬もいます。過去に手術や大きなけがを経験していれば、それによっても体の状況は変わってきます。

老化を受けいれるということは、やみくもに愛犬を年寄りあつかいすることではありません。年令や見た目にまどわされずに、愛犬の体の状態をただしく把握し、それに応じた生活を用意することが、かけがえのない長年のパートナーの老化を受けいれることだと思います。

獣医師としては少し不謹慎な考え方かもしれませんが、体の不具合の一つや二つは、かかえていても気にする必要はないと、私は思っています。

それが年をとるということなのです。

悲観的にならずに、愛犬と少しでも長く、楽しく暮らす方法を考えるべきなのです。

愛犬の「犬格」を尊重しよう

老化が進むと、日常の生活にも手助けが必要になることがあります。とくに後肢からおとろえることが多く、排泄の失敗が目立つようになります。

しかし、犬も自信やプライドというようなものをもっていると、私は思っています。あまり粗相をくり返していると、犬も自信を失い、プライドを傷つけられることになります。オムツをつければよいと簡単に考えるのでなく、なるべく自分でトイレに行かせるようにしましょう。トイレを室内に移してひんぱんにつれていくなど、失敗させない工夫をしてあげましょう。視力や聴力が失われても、嗅覚だけはおとろえていないことが多いものです。

また、自力で歩行できなくなっても、外の空気を吸わせてあげましょう。たとえ自宅の庭や玄関先だけであったとしても、犬は開放感を味わい、脳に刺激を受けるはずです。愛犬にも負担がかからず、飼い主さんもむりをしない程度に、外にだしましょう。

飼い主さんは、愛犬の保護者であり、よき理解者でなければなりません。また、愛犬を尊重するということは、愛犬の人格ならぬ「犬格」を認めるということにもつながります。

とても理想的な、よい関係をきずいている飼い主さんと老犬のペアも少なからずお見受けしますが、理屈ではなく、いっしょに暮らしてきた長い年月がつくりあげた、おたがいのあいだにあるかけがえのないきずなを、しみじみと感じさせられます。

年をとれば、少しくらい悪いところがあっても当たり前。健康であることにこだわりすぎず、病気とうまくつき合うような気持ちで、どーんと構えて愛犬に接してあげましょう。

動物病院とのおつきあい

老犬といっしょに暮らしていると、さまざまな決断をせまられることがあります。そのようなとき、愛犬のことをよく知っていて、なんでも相談できる動物病院があれば、とても心強いと思います。

一昔前に比べて、動物病院の役割もずいぶん幅広くなりました。病気を治すだけが仕事ではなく、病気を予防するための生活指導や食事管理、しつけの相談など、飼い主さんと愛犬のための、いわばホームドクターとしての役割を担うようになりました。高度医療に対応している病院も決して少なくありません。介護や在宅医療に力を入れている病院もあります。

どのような治療を受けさせるべきか、どのように世話をしたらよいのか、飼い主さんは病院スタッフと納得のいくまで話し合う必要があります。

獣医師は、飼い主さんとの信頼関係がきずかれていなければ満足な仕事はできないと、私は考えています。とくに、長年つれそってきた老犬に対しての飼い主さんの思いはひとしおです。信頼を得るのは、簡単なことではありません。日ごろの仕事に対しての姿勢や動物への接し方、飼い主さんへの対応などから、評価されるものだと思っています。

私は犬が好きで獣医師になりました。犬には犬らしく、一生をまっとうしてほしいと願っています。多くの獣医師もまた、同じように考えていると思います。私たちには専門的な知識や技術があり、飼い主さんとはちがう視点で犬をとらえることができます。

しかし、その能力を犬のために役立てるには、飼い主さんとの相互理解がどうしても必要です。人間の場合と同じように、動物医療においても「インフォームドコンセント」が重要になるのです。

インフォームドコンセントとは「情報を与えた（説明を得た）うえでの同意」という意味です。人間の医療でも一般的になってきましたが、本来のインフォームドコンセントの意義とは、少々かけはなれた使われ方をしていることも少なくないように感じられます。

医療では、患者さん（犬の場合は飼い主さん）に治療の方法を決める権利があります。医師は、患者さんがベストな治療法を選択できるよう、さまざまな情報を提供することでサポートする義務があるのです。これがインフォームドコンセントの基本的な考え方です。

ところが、インフォームドコンセントというと「説明責任を果たしたかどうか」という点が取りざたされがちです。トラブルを回避するための事務的なやりとりという印象もあるかもしれませんが、インフォームドコンセントの本当の目的は、患者さん（飼い主さん）と医師とが気持ちを一つにして、できるだけ悔いを残さない治療に臨むことにあるのです。

そのためには、飼い主さんの病気について知ろうとする姿勢、理解力、決断力も必要です。「よくわからないからお任せ」ではなく、積極的に治療に向き合う義務がある。そう考えていただきたいのです。

飼い主さんのＱＯＬも考える

また、場合によってはセカンドオピニオン、別の医師や専門的な知識をもつ第三者に意見を求めることもおすすめしたいと思います。

セカンドオピニオンでは、主治医から診断情報などの書類を作成してもらい、それをもとに別の医師に助言を求めるのが理想的ですが、主治医に相談をもちかけにくい場合は、別の医師を受診するというかたちで治療の幅を広げてもいいでしょう。より多くの可能性を探ることで、誤診を防ぐというメリットも得られますが、大事なのは、飼い主さんご自身が悲観的にならず、できるだけ冷静に治療に向き合うということです。心もとない気持ちのまま選択肢だけを広げるのではなく、愛犬のＱＯＬを考慮に入れた老後を考えてあげるべきです。

また、愛犬のＱＯＬだけでなく、飼い主さんのＱＯＬを考慮することも重要です。病気が深刻な状態になったり、介護を必要とするような状態になったりすると、飼い主さんのほうがまいってしまうというケースも決して少なくはありません。

愛犬は、飼い主さんの心の状態をじつに鋭く見ぬいています。飼い主さんが憔悴してしまうと愛犬も元気をなくしてしまいます。「がんばらない介護」という言葉がありますが、老犬の場合も、がんばりすぎないことがよりよい介護につながるのです。

介護や老犬のケアで不安やストレスを感じたら、一人で抱え込んでしまわずに、ホームドクターである獣医師に遠慮なく相談をして下さい。

COLUMN5 ペットと飼い主の「お別れ」を見守りつづけて…

愛犬が亡くなって、そのなきがらをとむらいたいと飼い主さんが考えたとき、たいていの方はペットの霊園を探してお墓を求められると思いますが、うちでは火葬してお骨を飼い主さんにおわたしするところまでをおひき受けしています。

私自身がまだペット葬儀の仕事にたずさわる前のことですが、十四年間ともに暮らした愛犬が亡くなり、とある霊園で火葬をお願いしたところ、愛犬の遺体は小さなひとにぎりの黒い灰になってもどってきました。体重が十三キロ近くもある柴犬の雑種だったのですが、大きなかまで、ものすごい火力でいっきに燃やしたために、きれいな状態のお骨にはとうていならなかったのです。どこの霊園でも同じようなやり方で火葬しているようですが、セントバーナードのような一〇〇キロクラスの超大型犬にあわせてかまやバーナーをしつらえているので、小さな犬の体は灰のような状態になってしまうのです。

どこへゆくにもいっしょで、仲間として暮らしていた大切な愛犬だったので、傷つきもしましたし腹も立ちましたが、現在の日本の法律では、気持ちを納得させるための手段はなにひとつありません。そうしてけっきょく、みずから「ペットの火葬をするためのかま」をつくるというところにいたったわけです。

うちでは犬や猫にかぎらず、ハムスターなどの小さな動物まで、さまざまな大きさの動物の火葬をご依頼いただきますが、その動物の大きさにあわせて、かまの温度を調節したり火葬の方法を工夫したりしています。また、ガンなどの病気だった場合はかなり骨がもろくなっているので、可能なかぎりきれいなお骨にして飼い主さんのもとにもどすよう心がけています。それは、葬送にたずさわる者として、亡くなったいのちに対しても残された家族に対しても、最低限の礼儀だと思うのです。

私のもとに来られる飼い主さんとペットの多くは、生前とてもいい関係だったことがうかがわれる方ばかりです。そうしたよい関係でペットを見送ることができるのは、ペットが老齢にさしかかって体が弱くなったりしても、できるだけお別れの日のことは考えないで、「いっしょにいられる一日一日をせいいっぱい楽しくすごすこと」をだいじにしていたからではないかと、私は思っています。

出会えたことへの感謝と喜びの気持ちが、別れの悲しみをおのずと癒してくれるものなんですね。

日本ペット葬儀サービス
東京都杉並区永福2・1・25
TEL 03・3325・2442
0120・244・236

おわりに

みなさんにとって、愛犬はどんな存在ですか？

このように尋ねたら、おそらく多くの飼い主さんはこう答えるでしょう。愛犬はかけがえのない存在。単なるペットではなく家族の一員であると。

そんな家族の一員ともいえる存在を失えば、深い悲しみを感じるのは当たり前です。呆然としたり、号泣したり、何もやる気が出ないなど、情緒不安定になることもあるかもしれません。愛するペットを失う悲しみの表現に「ペットロス」という言葉がありますが、これは決して特殊なものではなく、きわめて自然な心の痛みなのです。

「母を亡くしたときよりも悲しかった」と、愛犬を亡くした私の恩師が言っていましたが、この言葉に共感される飼い主さんも決して少なくはないはず。ペットの死は、時として肉親の死以上の悲しみをもたらすこともあるのです。

「ペットが死んだくらいで、そんなに悲しむなんて」

そんな心ない言葉に深く傷つき、悲しみを隠したり押し殺そうとしたりする人もいるかもしれませんが、あふれる感情を理性で無理矢理抑えるのはおすすめできません。むしろ、ありのままの気持ちを素直にあらわすほうが、悲しみからの立ち直りは早いものなのです。

愛犬の死に目に立ち会わなくてはならない。これは、飼い主さんにとってたいへんつらい試練です。想像しただけで悲しくなってしまうことでしょう。

しかし、だからこそ、愛犬と過ごす時間を楽しく豊かに送ってほしいのです。お別れの日がくるまで、たくさんの愛情と感謝の気持ちをこめて。そうすることが、愛犬との死別を癒すいちばんの処方箋になるのではないでしょうか。

参考文献

『痛快！不老学』後藤眞　集英社インターナショナル

『100歳まで生きる！「不老！」の方法』坪田一男　宝島社

『老化』近藤昊・井藤英喜　山海堂

『ペットを病気にしない』本村伸子　宝島社

『イヌの動物学』猪熊壽　東京大学出版会

『小動物の高齢性疾患』（ＰＲＯＶＥＴ増刊）インターズー

『犬と猫の老齢医学』内野富弥（監訳）学窓社

『うちの愛犬を一日でも長生きさせる法』安川明男　講談社＋α新書

『小動物の臨床栄養学』一木彦三（訳）日本ヒルズ・コルゲート　内マーク・モーリス研究所連絡事務局

『犬：その進化、行動、人との関係』森裕司（監修）チクサン出版社

『小動物の老齢病』宮本賢治（監訳）ファームプレス

『愛犬の育て方』小林豊和ほか　新星出版社

『イラストでみる犬の病気』小野憲一郎ほか　講談社

『ベターホームの食品成分表』ベターホーム出版局

『獣医さんが教える手づくり愛犬ごはん』監修・小林豊和／栄養と料理指導・春木英子　主婦の友社

『愛犬健康生活ＢＯＯＫ』監修・小林豊和　主婦と生活社

『ANTI-AGING DOGS』John M.Simon,DV.M and Steve Duno

『Your Older Dog』Jean Callahan

『Clinical Behavioral Medicine For Small Animals』Karen L.Overall

『Behaviour problems of the dog and cat』G.Landsberg, W.Hunthausen and L.Ackerman

◎著者プロフィール

小林豊和（こばやし・とよかず）

獣医師。グラース動物病院院長。
動物に好かれる病院、動物の健康と長生きのサポートを理念とし、1993年にグラース動物病院を開設。予防医療中心の日々の健康管理から、より高度な専門性の高い医療まで、一生涯のホームドクターを目指している。食事指導、肥満管理にも積極的に取り組み、2010年より手作り無添加ドッグフード「マスターピース」(http://grace-masterpiece.com）の製作・販売を手がける。帝京科学大学非常勤講師／ペットシッタースクール（ビジネス教育連盟）講師／ペット栄養管理士／産業カウンセラー（(社）日本産業カウンセラー協会認定)。著書に『獣医さんが教える手作り愛犬ごはん』（主婦の友社）『愛犬健康生活BOOK』（主婦と生活社）など。
グラース動物病院　東京都杉並区荻窪5-4-9
TEL 03-3220-2717　http://grace-ah.com

五十嵐和恵（いがらし・かずえ）

獣医師、犬のしつけインストラクター。

1971年生まれ。日本獣医畜産大学（現日本獣医生命大学）獣医学部を卒業後、都内動物病院で臨床獣医師として勤務。しつけや問題行動治療の重要性を感じ、アメリカに渡りコーネル大学などで行動治療学を学ぶ。帰国後「ベストフレンド・ペットの行動クリニック」を開設し、おもに問題行動のカウンセリングや動物病院でのしつけ教室を行う。現在はアメリカに在住し、日本からはメールや電話でのしつけ相談を行っている。

「人と動物が楽しく暮らすためのしつけ」をモットーに、犬との生活を楽しむためのお手伝いができれば、と願っている。愛犬は12歳のアイリッシュ・セッターのTinaと、10歳のシェットランド・シープドッグのJoyce。老犬との生活を満喫している。

E-Mail：bstfdbc@aol.com

年とった愛犬と幸せに暮らす方法

2012年3月24日　第1版第1刷発行　　定価（本体1,400円＋税）

著　者　小林豊和／五十嵐和恵
発行者　玉越直人
発行所　WAVE出版
〒102-0074　東京都千代田区九段南4-7-15
TEL　03-3261-3713　FAX　03-3261-3823
振替　00100-7-366376　E-mail:info@wave-publishers.co.jp
http://www.wave-publishers.co.jp/

印刷・製本　萩原印刷

ISBN 978-4-87290-561-8